高等学校计算机专业系列教材

UML建模分析与设计

基于MDA的软件开发

杜德慧 编著

UML Modeling
and Design
Software Development Based on MDA

机械工业出版社
China Machine Press

图书在版编目（CIP）数据

UML 建模分析与设计：基于 MDA 的软件开发 / 杜德慧编著 . —北京：机械工业出版社，2018.9（2022.7 重印）

（高等学校计算机专业系列教材）

ISBN 978-7-111-60959-9

I. U… II. 杜… III. ①面向对象语言 – 程序设计 – 高等学校 – 教材 ②软件开发 – 高等学校 – 教材 IV. TP312.8

中国版本图书馆 CIP 数据核字（2018）第 217210 号

本书根据新的 UML 建模标准，重点讲述 UML 的基本概念及建模元素，以模型驱动的方式从不同的视角构建系统的模型，包括静态模型和动态模型。其中，重点讲述 UML 的用例模型、类模型、活动图模型、状态机模型、顺序图模型等，并结合实际案例帮助读者掌握灵活使用 UML 的各种模型图来设计、构建系统的模型的方法。

本书可作为高等院校软件工程、计算机及相关专业的教材和教学参考书，也可以作为渴望掌握 UML 及基于 UML 的模型驱动式软件开发方法的软件开发者的参考书。

出版发行：机械工业出版社（北京市西城区百万庄大街 22 号　邮政编码：100037）

责任编辑：佘　洁　　　　　　　　　　　　责任校对：李秋荣

印　　刷：固安县铭成印刷有限公司　　　版　　次：2022 年 7 月第 1 版第 2 次印刷

开　　本：185mm×260mm　1/16　　　　印　　张：14.5

书　　号：ISBN 978-7-111-60959-9　　　定　　价：49.00 元

前　言

模型驱动式软件开发方法已经成功应用于大型、复杂软件系统的设计和开发，受到工业界和学术界的一致认可。模型驱动开发的核心是，根据系统的需求构建、设计系统的模型，并借助模型转换及代码生成技术等实现快速开发高质量的软件系统。其中，模型是整个软件开发过程中的主要制品之一，一切工作都将围绕模型的设计、构建、模拟、验证展开。这种开发方法将快速应用到特定的领域，能够有效提高面向特定领域的软件设计、开发的效率和质量。因此，如何使用标准的建模语言构建系统的模型是软件设计者面临的一个主要问题。本书根据新的 UML 建模标准，重点讲述 UML 的基本概念及建模元素，并结合具体的案例分析，以模型驱动的方式从不同的视角构建系统的模型，包括静态模型和动态模型。

本书目标

通过阅读本书，读者可得到以下几方面的收获：

- 掌握模型驱动开发方法的基本思想、开发过程。
- 掌握 UML 的基本概念、模型、建模规则，学会如何使用 UML。
- 以 UML 为基础建模语言，结合模型驱动开发方法进行实际案例分析、建模、开发。

本书的组织

鉴于 UML 在软件设计、开发过程中的重要作用，故撰写本书。本书可作为高等院校软件工程、计算机及相关专业的教材和教学参考书，也可以作为渴望掌握 UML 及基于 UML 的模型驱动式软件开发方法的软件开发者的参考书。本书共 16 章，其中，第 1 章概述模型驱动开发方法及 UML 在模型驱动开发方法中的重要作用，并明确指出本书将结合 RUP 开发过程和基于 UML 的模型驱动开发方法进行实际案例的设计、开发。第 2 章介绍 UML 的发展历程及其包含的主要建模元素。第 3 章综述 UML 所提供的公共机制，这些公共的建模机制将用在后续章节的各种模型的构建过程中。第 4 ~ 8 章遵循"用例驱动、以架构为中心、迭代增量开发"的思想，详细介绍 UML 用例图、类图、状态图、顺序图、活动图等，内容涵盖 UML 的静态结构建模及动态结构建模，充分体现了 UML 的多视角建模方法的有效性。其中，第 4 章详细介绍 UML 的用例图，并重点讲述使用用例图建模系统的需求。本章内容是全书的重点部分，充分体现了"用例驱动"，后续章节将逐步介绍如何围绕用例图设计系统的静态结构和动态行为模型。第 5 章介绍 UML 类图，重点介绍类图的基本概念、类之间的各种关系。第 6 章介绍状态机模型，重点介绍状态图的基本建模元素，并详细介绍了状态机的语义模型及各种语法表示。第 7 章介绍的交互模型包括两种类型：顺序图和通信图。前者强调对象之间按照时间的先后进行消息交互，后者强调对象之间的拓扑结构，对象通过消息交互实现某一功能。两种模型图在语义上是等价的。第 8 章介绍活动图模型并详细讨论了使用活动图模型建模系统的业务流程及操作的实现过程。活动图模型强调的是活动与活动之间的控制流程。第 9 章介绍接口、类型和角色的基本概念，重点介绍如何使用接口建模系统中的接缝。第 10 章介绍包模型，它是 UML 建模过程中的产物，主要用于帮助划分系统的逻辑结构，以及帮助人们更好地理解系统的组成。第 11 章介绍构件模型，它用于建模系统的功能模块划分，重点介绍了构件的接口表示及构件之间的关系表示。第 12 章介绍 UML 的部署图，它主要用于对如何将软件系统部署到硬件节点上建模。第 13 章重点介绍最新的 UML 扩展语言 SysML 和 MARTE，向读者展示了如何使用 UML 支持的扩展机制进行建模语言的扩展，以满足特定领域的需求。第 14 ~ 16 章通过完整的案例分析展示了 UML 的各种模型的具体应用，以帮助读者进一步归纳、总结各种 UML 模型在实际建模过程中的应用。

本书的特色是以模型驱动式软件开发为指导，以 UML 的多视角建模为主线，结合案例开发全面介绍基于 UML 的建模方法，帮助读者掌握 UML 的语言构成、建模方法及具体应用。此外，每章配备相应的习题，以帮助读者掌握各章的知识点。

致教师

本书旨在提供 UML 的一个广泛而深入的概览，可以作为高年级本科生或者一年级研究生的 UML 建模课程的教材。根据授课学时、学生的背景和教师的兴趣，可以选择性地教授本书的各个章节。例如，如果想完整讲授 UML 的所有建模元素，可以逐章教授前 13 章的授课内容。若想结合具体的案例讲述各个模型的实际使用情况，可以考虑增加后面的第 14 ~ 16 章的内容，作为实际动手操作的案例练习。

每一章最后都给出了习题、思考题，可帮助学生更好地理解每一章的内容。有些习题可作为研究讨论课题。本书的参考文献可以帮助你查找正文中提供的概念和方法的来源、相关课题的深入讨论和可能的扩展研究文献。

致学生

我们希望本书能够帮助你了解和掌握 UML 所包含的基本建模元素、各种模型，并能够熟练使用 UML 的建模方法，以模型驱动的方式开发软件系统。特别是，你可以了解模型驱动开发的核心思想及开发理念，并结合 UML，将其应用于你的具体软件开发过程。

为了更好地使用本书，你需要具备的预备知识包括：

- 基本的面向对象设计的知识，掌握一种面向对象开发语言。
- 软件开发的基本知识、软件工程的背景，了解常用的软件开发过程。

另外，需要说明的是本书中的内容是按照 UML 支持的各种模型组织的，为了更好地体现模型驱动开发的思想，我们将各种 UML 图形称为模型，这样更符合模型驱动的思想，构建系统的各种模型是整个软件开发过程中的主要工作。

在本书的组织、撰写过程中，研究生黄平、白新、管春琳、昝慧、敖义等参与了相关章节的模型图的制作、修改，以及文字的校对工作，在此特别感谢他们的辛勤付出。此外，在书稿的形成之初，我们将它用作本科专业课程的教材，在使用过程中，本科生孙雨晶、侯岭欣等对本书的第 14 ～ 16 章提出了中肯的修改意见。由于能力和时间有限，书稿中难免存在一些缺陷和不足之处，望读者不吝指教。

作者

2018 年 6 月

教 学 建 议

本书内容分为 16 章，每一章的主要内容与课堂教学的学时安排如下。

第 1 章简单介绍模型驱动式软件开发方法、建模的重要性、UML 建模在模型驱动开发中的地位和作用，以及迭代、增量的软件开发过程 RUP。此外，补充讲解了面向对象的核心思想及关键技术，作为本书的基础知识部分。（建议学时：2）

第 2 章系统、详细地介绍 UML 的发展历程，概述 UML 建模语言的特点、使用的建模场景，并简要介绍 UML 标准建模语言所提供的基本建模构造块及其支持的公共建模机制和扩展机制。本章内容为后续章节的内容进行了铺垫。（建议学时：4）

第 3 章对 UML 的公共机制进行详细讲解，介绍注释、修饰、扩展机制的具体应用，为后续章节中详细的建模过程提供支持。此外，介绍了 UML 的扩展机制及其使用原则。本章内容是 UML 的基础部分，后续章节的案例介绍中会用到本章讲解的基本建模原则。（建议学时：4）

第 4 章遵循本书提出的"用例驱动、以架构为中心、迭代增量开发"方法，重点讲述如何构建用例模型及其包含的基本建模元素、常用的建模方法等。本章内容是本书的重点。（建议学时：8）

第 5 章针对如何构建系统的静态模型，从描述系统的用例模型出发，介绍如何构建类模型以及类模型的基本建模元素，重点掌握类的概念及类之间的关系，并对类图的建模方法、正向工程等进行了系统讨论。（建议学时：6）

第 6 章针对如何构建系统的动态行为模型之一——状态图，介绍其基本建模元素（包括状态、迁移、事件等），讨论如何基于状态图通过正向工程生成系统的代码，重点讨论状态图的基本概念、建模方法。（建议学时：6）

第 7 章详细介绍顺序图模型的基本概念、建模方法、建模原则等，结合实际案例详细讲述如何使用顺序图建模对象之间的消息交互，强调事件发生的时间顺序。此外，介绍了与顺序图语义上等价的通信图。（建议学时：6）

第 8 章系统地介绍活动图模型，包括活动图的基本概念，如活动、控制流等，重点介绍如何使用活动图建模系统的业务流程。（建议学时：6）

第 9 章详细介绍 UML 所提供的接口、类型、角色等建模元素，并讨论如何使用这些建模元素对系统中的接缝进行建模，以及对系统中的静态类型和动态类型建模。

（建议学时：4）

第 10 章详细介绍如何使用包模型对系统的逻辑结构进行划分，详细讨论包模型的基本概念及常用建模技术。（建议学时：4）

第 11 章详细介绍构件模型的基本概念、构件及其接口的表示方式，详细讨论构件模型的建模方法及常用建模技术。（建议学时：4）

第 12 章详细介绍如何使用部署模型建模系统的硬件、软件之间的部署情况，并讨论部署图的常见建模场景。（建议学时：4）

第 13 章针对 UML 的扩展机制的具体使用情况，系统地介绍两种具有代表性的 UML 扩展语言——SysML 和 MARTE，它们代表了 UML 的最新发展方向。（建议学时：2）

第 14 ～ 16 章是本书的案例分析部分。为了更好地展示前 13 章的建模元素、建模方法的具体使用，最后 3 章详细讨论了三个具体案例，分别从不同的建模视角展示 UML 的各个模型的建模能力，以便读者深入掌握、理解 UML 及其具体使用方法。

建议前 13 章的教学学时数为 60 学时（第 13 章可以作为选读的内容），任课教师可以根据教学安排来调整学时和选择重点介绍的内容。在前 13 章内容的讲述过程中，可以结合后 3 章的案例进行展开讲解，也可以最后统一讲解案例。

目　录

第1章 概 述

1.1 模型驱动开发方法

　　传统的软件开发以手工编码为主，随着软件系统的规模日益增大及其复杂性不断增加，传统的软件开发方法已无法满足软件系统快速发展的需求，人们迫切需要解决软件开发面临的危机，实现快速开发高质量软件系统的目标。此外，需求分析和设计阶段产生的文档、UML 模型与代码之间的同步也变得越来越困难。为了解决这些问题，对象管理组织（Object Management Group，OMG）提出模型驱动架构（Model-Driven Architecture，MDA），其目标是将软件的开发行为提升到更高的抽象层次——模型层。以模型驱动的方式开发软件，整个开发过程中产生的核心制品是模型而不仅仅是代码，从需求分析、设计实现，到最终的代码生成阶段，每个阶段的模型制品可借助模型转换工具，实现不同抽象层次的模型之间的转换，最终将系统的模型映射生成 C++ 代码或者 Java 代码等。目前，现有的建模工具已经能够实现部分或全部的代码自动生成，大大提高了软件开发的效率和质量。例如商业版本的 UML 建模工具 Enterprise Architecture（EA），能够支持 UML 建模及模型到代码的生成。模型已然成为开发过程的主要产品，设计、构建模型成为软件开发过程中的重要任务。模型驱动的软件开发方法围绕着模型的分析、设计、重用、模型到代码的自动生成技术展开，能够有效提高软件系统开发的效率。

　　以模型驱动架构为基础，软件开发方法也随之发生了改变，其中，具有代表性的模型驱动式软件开发方法（Model Driven Software Development，MDSE）是软件工程发展的一个重要方向。该方法是一种以建模和模型转换（Model Transformation）为主要途径的软件开发方法，目前已经被广泛应用于大规模、复杂的软件开发。与其他软件开发方法相比，模型驱动开发方法的特点主要表现于该方法更加关注为不同领域的知识构造其抽象描述，即领域模型（Domain Model）。基于这些代表领域概念的模型开发软件系统，并通过自动（半自动）的模型转换完成从设计向实现的过渡，从而最终完成整个软件系统的开发。

　　模型驱动开发方法的优势在于，其使用更接近于人的理解和认知的模型，尤其是可视化模型，有利于设计人员将注意力集中在与业务逻辑相关的信息上，而不用过早地考虑与平台相关的底层实现细节。尤其是在面对不同应用领域时，模型驱动方法强调使用方便灵活的领域相关建模语言（Domain-Specific Modeling Language，

DSML）构造系统的模型，基于领域知识实现领域专家、设计人员、系统工程师以及架构师等不同人员之间的良好沟通。

对象管理组织（OMG）提出的以模型为中心的软件开发框架性标准——模型驱动体系结构，受到了来自学术界和工业界的普遍关注。MDA 整合了 OMG 在建模语言、模型存储以及模型交换等方面的一系列标准，形成了一套基于模型技术的软件系统开发方法和标准体系。

MDA 是以模型为中心的软件开发模式，其将模型分为三个抽象层次：计算无关的模型（Computing Independent Model，CIM）、平台独立模型（Platform Independent Model，PIM）和平台相关模型（Platform Specific Model，PSM）。借助模型转换技术，可将抽象层次高的模型转换为抽象层次低的模型，通常，人们首先根据系统的需求，构建系统的 CIM，主要用于领域知识的共享。设计者的主要任务是构建系统的 PIM，然后，通过模型转换生成相应的 PSM，最终自动或者半自动地生成相应的代码。通过使用模型驱动的软件开发，能够有效提高软件开发的效率和质量，实现系统模型的重用，对于大型的、复杂系统的软件开发具有重要意义。

在后续章节中，我们会详细讲述如何遵循模型驱动式软件开发方法，使用 UML 构建系统的 PIM，为解决大规模、复杂软件的开发提供可行的方案。

模型驱动开发方法的架构层次图如图 1-1 所示：从 M0 层到 M3 层，建模的抽象层次越来越高，其中 M0 层是实例层，主要针对应用系统中涉及的实例或者要建模的具体实例对象，例如某个具体的电影（哈利波特）。因此，M0 层代表的是现实世界，是我们需要设计、开发的实际系统。M1 层是对 M0 层的抽象，如将电影名称抽象为 Video 类，M1 层即建模待开发的系统；M2 层是对 M1 层的抽象，即抽象出 M1 层本质的、共性的建模元素，M2 层也称为建模语言层，这里具体表现为如何使用 UML 类图中的建模元素如 class、attribute 等描述 M1 层的类图；对 M2 层继续进行抽象将得到 M3 层，用于建模元模型的层次，即元建模的基本结构 MOF，其提供了基本的建模元素及建模方法应该遵循的元建模机制。事实上这种层次化的建模方法并不是 MDA 软件开发所特有的，在计算机科学中很多领域如数据仓库相关的技术、BNF 范式定义的某个语言的语法等，都采用了类似的层次化思想。

1.2　了解建模

建模技术能够有效帮助人们将复杂的问题简单化，并帮助人们快速构建出系统。在工业生产、飞机制造业等行业中，由于系统的规模庞大、系统内部结构复杂，通常人们会首先构建出系统的模型，然后再展开大规模的生产。如果没有建模，而是直接开始构建系统，必然会导致很多错误，甚至会影响系统的质量和安全。

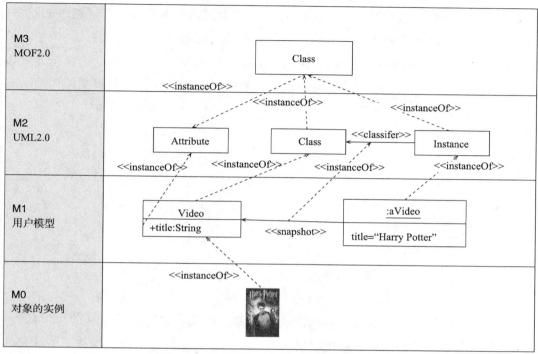

图1-1　模型驱动开发方法的架构层次图

在软件开发过程中，随着软件系统的复杂性的增加，开发高质量的软件系统同样面临着各种挑战。软件开发也需要对系统进行建模，构建出软件系统的模型，这是提高软件质量的有效方法之一。大量的事实已经表明，不成功的软件项目其失败的原因各不相同，然而所有成功的软件项目在很多方面都是相似的。成功的软件组织有很多成功的因素，其中共同的一点就是在开发过程中有效地采用了建模技术。因此，通过对建模技术的合理应用，构建出满足系统需求的、正确的模型，将直接影响软件系统的质量。

通过上面的例子我们大致了解了建模这一概念，那么什么是建模呢？在了解建模之前我们首先须了解模型的定义。

模型（Model）是对现实世界的抽象、简化，是针对某一特定的目的而构建的、对某个实际问题或客观事物进行抽象后的一种形式化表达。建模的目的是便于理解、维护、演化现实的系统，帮助人们更好地了解、掌握现实的本质，并帮助开发者快速构建高质量的系统。

模型对系统的利害关系做出陈述，从特定的视点上将可以描述的细节从系统中分离，保留模型中最核心、最关键的地方。一个好的模型包括那些有广泛影响的主要元素，而忽略那些与给定的抽象层次不相关的次要元素。每个系统都可以从不同的方面、视角和采用不同的模型来描述，不同视角的模型一起刻画了整个系统的结构、行为（功能）。换句话说，在实际建模过程中，我们需要构建不同类型的模型。例如，模型可以是结构性的，强调系统的组织；它也可以是行为性的，强调系统的动态方面，用于系统特定的功能。在工程实践中，工程师通常将复杂的系统分解为不同的模型，从而从不同的关注点帮助人们理解、分析系统，这种思想即"关注点分离"（Separation of Concerns）。在本书中，我们会在实际建模过程中，逐步展示如何实现关注点分离，以及如何建模抽象。

在软件工程中，模型通常具有以下用途：

- 用于展示各种解决方案的可能性。
- 用于构造系统，并用于测试阶段。
- 可帮助用户理解最终的产品。
- 可用于生成代码。
- 可作为系统构建过程中产生的文档。
- 可用于模拟执行待开发的系统。

模型是建模的核心所在，是对现实的抽象、简化，它提供了系统的设计蓝图。模型可以包含详细的设计，也可以包含概括性设计，这种设计高度概括了待开发的目标系统的结构、功能。好的模型包括那些具有高度抽象性的元素。每个系统都可以由不同的模型、从不同的方面来描述，因此，每个模型从语义上来说都是系统的抽象。与组成最终系统的代码和构件相比，系统的模型显得简单得多，也更容易理解，并可以支持模型的重用。此外，软件系统的模型可以协助开发人员审查、交流并校验系统，也可以帮助一个软件开发小组组织和协调他们的工作。

建模（modeling）是一种设计、构建模型的过程。它通过对客观事物建立一种抽象来表征事物并获得对事物本身的理解，同时把这种理解概念化，将这些逻辑概念组织起来，构成一种对所观察的对象的内部结构和工作原理的清晰表达。建模总是意味着突出和省略：突出必要的细节，省略不相关的内容。但是，怎么判断必要和不相关的内容呢？这一问题并没有标准的答案。相反，它取决于建造模型的目标以及模型的使用者。总之，通过建模，我们能获得复杂系统的抽象表示，能更好地理解所要构建的系统。建模的过程涉及建模方法、建模技术、建模语言、建模工具等，其在系统开发过程中的作用变得越来越重要。

软件建模即软件分析、设计建模，体现了软件设计的思想，在系统需求和系统实现之间架起了一座桥梁。软件工程师按照设计人员建立的模型，开发出符合设计目标的软件系统，而且软件的维护、演化也基于软件分析模型。因此，软件的分析建模在整个软件开发过程中具有重要的意义。软件建模阶段所产生的制品——模型的质量将严重影响整个软件系统的质量。

1.3　建模的重要性

关于设计、开发复杂的软件系统，首先要对复杂的系统进行分析、建模，因为人们很难从整体上理解复杂的系统，必须通过分析、构建该系统的模型，从而实现对系统的深入理解和掌握。通常来说，一个系统的模型具有以下特征：

- 易于沟通（communication）：为了创建正确的、满足用户需求的系统，需要与用户进行良好的沟通，有效地获取用户的需求。因此，需要给出每个人都能理解、使用的术语，使用户与设计者、开发者对于系统需求的理解、认识达成一致。沟通能够有效地捕获需求，在开发者与设计者之间达成对系统需求的统一认识，这是整个软件开发的起始阶段，对软件系统的开发具有至关重要的作用。因此，开发过程中构建的模型必须易于沟通、理解。
- 可视化（visualization）：对客户、专业人员和使用者而言，所有与系统有关的信息需要以大家都能够理解的方式表示出来。然而，根据实际经验，比起用文字交流，图形化的方式更加直观、易于理解，也更加容易被人接受。因此，可视化的模型有助于模型使用者之间的沟通与交流，更容易被人们理解和接受。
- 可验证（verification）：对于所构建的模型，其完整性、一致性和正确性是可验证的。也就是说，我们可以借助已有的模型验证分析技术，验证模型的完整性、一致性和正确性，从而确保模型是正确的、安全的。模型具有可验证性，对于确保模型的高质量是必不可少的。

从上述几个特性，我们可以看出，模型的构建对于整个软件开发过程有着重要的意义，可视化的模型使参与软件开发的人员之间的沟通交流更顺畅高效。此外，模型也便于人们对复杂的系统进行抽象，并且能够支持使用模型检测、验证技术分析模型的正确性。构建模型是开发大规模、高质量的软件系统的有效途径之一。

1.4　UML 建模

一个项目的成功是许多因素作用的结果，其中，有一个通用的建模语言标准至关重要。通常，建模语言必须包括以下几个部分：

- 模型元素——基本的建模概念和语义
- 符号——模型元素的视觉渲染、符号表示
- 准则——行业内使用的习语

面对日益复杂的系统，可视化和建模变得越来越重要。软件建模迫切需要一种标准化的建模语言来有效地建模系统，统一建模语言（Unified Modeling Language，UML）应运而生，其因良好的语言定义和广泛的工具支撑得到了工业界和学术界的广泛认可，被广泛应用于建立面向对象和基于组件的软件系统。

UML 的演化可以分为几个阶段：第一个阶段是三位面向对象（Object-Oriented）方法学家 Booch、Rumbaugh 和 Jacobson 共同的努力，形成了 UML 0.9；第二个阶段是公司的联合行动，由十几家公司（DEC、HP、I-Logix、IBM、Microsoft、Oracle、TI、RationalSoftware 等）组成了 UML 成员协会，将各自意见加入 UML，以完善和促进 UML 的定义工作，形成了 UML 1.0 和 1.1，并且向对象管理组织（OMG）申请成为建模语言规范；第三个阶段是在 OMG 组织下对版本的不断修订和改进，其中 UML 1.3 是较为重要的修订版。目前，UML 的最新版本是 UML 2.5，详细内容可参见 OMG 的官方网站。

UML 又称统一建模语言或标准建模语言，它是一种支持模型化和软件系统设计、开发的图形化语言，为软件开发的所有阶段提供模型化和可视化建模支持，包括需求分析、规约、构造和配置。它的主要功能是对面向对象系统进行可视化、详述、构造和文档化。目前，UML 已经成为被工业界以及学术界广泛接受的标准建模语言，并成功应用于工业界的项目开发。

UML 模型主要由三个类别的模型元素组成，在已建模的系统范围内，它们中的每一个元素都可能被用来对不同种类的个体事物（以下简单地称为"个体"）做出陈述。这三个类别分别是：

- 类元（classifier）。类元描述一组对象。每个对象都是有状态的并与其他对象有关系的个体。一个对象的状态通常是由它在对象类元中属性的取值所标识的（在某些情况下，类元本身也可能会被看成个体）。
- 事件（event）。事件描述了一组可能发生的情况。就系统而言，一次事件的发生可能会影响与其有关的其他事件的发生。
- 行为（behavior）。行为描述一组可能的执行情况。执行是一系列行为动作的表现形式，这种表现可能会对事件的发生做出响应，包括访问和改变对象的状态。

UML 提供了多种图形可视化描述模型元素，同一个模型元素可能会出现在多个图中对应多个图形元素，人们可以从多个视图来分析模型。在实际建模过程中，我们通常将 UML 建模分为结构建模、动态建模两个方面：

- 结构建模：主要建模系统的静态结构组成。从系统的内部结构和静态角度来描述系统，在静态视图、用例视图、实施视图和配置视图中适用，可采用类图、用例图、构件图和部署图等模型图。例如，类图用于描述系统中各类的内部结构（类的属性和操作）及相互之间的关联、聚合和依赖等关系，包图用于描述系统的分层结构等。
- 动态建模：主要建模系统的动态行为。从系统中对象的动态行为和组成对象间的相互作用、消息传递的角度来描述系统，在状态视图、活动视图和交互视图中适用，采用了状态图、活动图、顺序图和通信图等模型图表示。例如状态机模型用于建模一个系统或一个复杂的对象，从产生到结束或从构造到清除所经历的一系列不同的状态及状态之间的变迁。

在嵌入式软件开发中，面向对象技术从本质上支持系统的抽象、分层及复用技术，能够很好地控制系统的复杂性，也逐渐被广泛应用。实时 UML（MARTE）是 UML 的实时版本，能够提供建模实时嵌入式系统的各种建模元素，被广泛应用于嵌入式软件开发。目前有许多功能强大的 UML 建模工具，有些工具引入或支持嵌入式实时系统应用领域的建模需求，如建模工具 Rose Real Time 和 Rhapsody，详细介绍可参见相关资料及 OMG 网站。

1.5　UML 建模工具

建模是软件开发过程中的关键活动，为了提高模型的质量及建模的效率，需要成熟的建模工具来支持模型驱动式软件开发方法。经过多年的发展，已经有很多成熟的商业建模工具及开源软件能够支持 UML 建模及模型驱动式软件开发。例如，商业建模工具 Enterprise Architect、MagicDraw UML、ArgoUML。ArgoUML 是一款运行在 Java 平台的开源 UML 建模工具，支持 UML 1.4 规范，但是目前不支持基于代码的逆向工程。如图 1-2 所示是 2017 年模型驱动工程语言与系统国际会议上，Luciane T. W. Agner 等人所调查的关于 UML 建模工具的使用情况，其中使用较广泛的工具为 Astah，它主要是为敏捷开发的团队提供软件建模、开发工具。此外，开源工具 ArgoUML 和 StarUML 的普及率相当高，二者常用于 UML 教学中作为建模的实践工具平台，供师生练习使用。

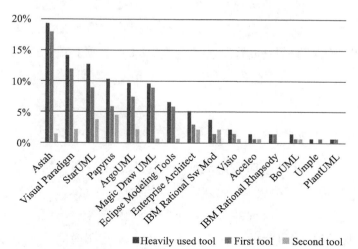

图 1-2　UML 建模工具的使用情况（数据来源于《A Survey of Tool Use in Modeling Education》）

1.6 RUP 软件开发方法

RUP（Rational Unified Process）是 Rational 软件公司（Rational 公司于 2003 年被 IBM 并购）开发的一个逐步迭代的软件开发过程框架。RUP 不是一个单一具体的规范性过程，而是一个适应性的过程框架。RUP 是统一过程的具体实现，它描述了如何有效地利用商业的、可靠的方法开发和部署软件，是一种重量级的软件开发过程框架，因此特别适用于大型软件团队开发大型项目。

1.6.1 RUP 的核心概念

RUP 基于一组开发过程中的构建信息，描述了将要生成的内容、所需的技术以及如何实现特定开发目标的逐步解释。主要考虑的信息如下：

- 参与者（who）——项目中由个体或团队所扮演的角色，描述某个人或者一个小组的行为与职责。
- 工作制品（what）——软件开发过程中用以完成任务的制品，包括软件开发过程中生成的所有文档、模型。
- 任务（how）——由参与者所执行的工作单元组成，考虑如何实现某个任务。
- 工作流（when）——能够给项目带来价值的一系列相关活动，主要指软件开发活动，包括需求分析、分析设计、实现、测试等。

1.6.2 RUP 是迭代和增量的过程

通常来说，小问题比大问题容易解决，因此我们把软件开发项目划分为许多更小的项目，这样更容易管理和完成，每个小项目又是一个迭代，每个迭代都包含正常软件项目的所有元素：业务建模、需求、分析和设计、实现、测试、部署。每次迭代产生包括最终系统部分完成的版本和任何相关的项目文档的基线。基线之间相互依赖，逐步迭代直到完成最终系统的实现。RUP 本质上是一种迭代和增量的开发过程，关注于每个阶段所产生的工作制品，每个迭代周期分别完成相应的开发任务，其详细执行过程将在下面详细介绍。

1.6.3 RUP 的生命周期

RUP 确定了一个由四个阶段组成的项目生命周期，即初始阶段、细化阶段、构造阶段以及移交阶段。这些阶段允许流程以类似于"瀑布式"开发过程可能出现的方式来呈现。在本质上，流程的关键在于所有阶段的开发迭代。每个阶段都有一个重要的里程碑，标志着目标的实现。RUP 软件开发生命周期是一个二维的软件开发模型，RUP 阶段基于时间推移的可视化过程被称为 RUP 驼峰图（RUP hump chart），如图 1-3 所示。

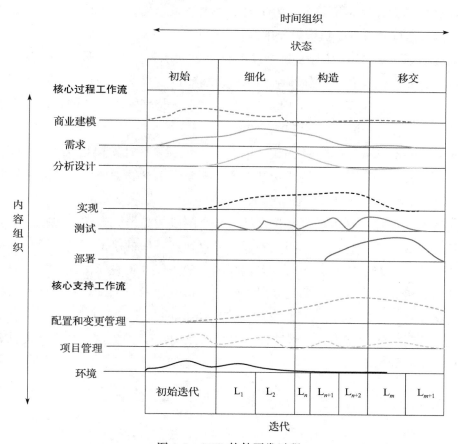

图 1-3 RUP 软件开发过程

横轴表示时间组织，是软件开发过程展开的生命周期特征，体现开发过程的动态结构，用来描述它的术语主要包括周期（cycle）、阶段（phase）、迭代（iteration）和里程碑（milestone）；纵轴根据开发过程每个阶段的内容来组织，体现开发过程的静态结构，用来描述它的术语主要包括活动、产物、参与者和工作流。

图 1-3 简要描述了按阶段对工作流进行的划分，并显示了它们的工作重点随时间的推移而逐步变化的过程。

初始（inception）阶段是 RUP 的第一个阶段。在此阶段，要为系统建立初步的构想，并限定项目的范围。这包括业务用例、高层的需求和初始的项目计划。项目计划包括成功准则、风险评估、所需资源的评估以及一个显示主要里程碑进度表的阶段计划。在初始阶段通常要建立一个用作概念验证的可执行原型。

细化（elaboration）阶段是这个过程的第二个阶段。细化阶段的目标是分析问题域或者领域需求，建立一个健全、合理的体系结构基础，细化项目计划，并消除项目开发过程中的那些高风险因素。体系结构的选定离不开对整个系统的理解，这就意味着要描述大部分系统需求。为了验证这个体系结构，要实现一个系统原型，它演示对体系结构的选择并执行重要用例。

构造（construction）阶段是这个过程的第三个阶段。在此阶段软件要迭代、增量式地进行开发，从可执行的体系结构基线发展到准备移交给用户的软件产品。针对项目的业务需要，这里也要不断地对系统的需求，特别是对系统的评价准则进行检查，并适当地分配资源，以降低项目的风险。

移交（transition）阶段是这个过程的第四个阶段。在此阶段把软件产品交付给用户。然而，在这个阶段，软件开发过程很少能结束，开发者还要继续完善系统，消除错误，并对软件系统进行维护、部署。

使得这个过程与众不同，并贯穿所有 4 个阶段的是迭代。迭代包括一组明确的工作任务，具有产生能运行、测试和评价的可执行系统的基准计划和评价准则。因为迭代产生可执行的产品，所以可以判断项目的进展并可在每次迭代后重新估计风险。这意味着，软件开发周期具有以下特征：持续地发布系统体系结构的可执行版本，而且在每步迭代后进行修改，以减少潜在的风险。

在本书的案例分析部分，将结合 RUP 与模型驱动开发方法，从不同的抽象层次视角构建系统的模型。

1.7　重要的面向对象思想

面向对象和面向过程（结构化）的比较（以青椒炒肉丝这道菜为例）：

使用面向过程的方式描述如下：

- 取出青椒 500 克，用刀切成细丝，过油
- 取出猪肉 200 克，切成细丝，用酱油、酒、黑醋腌制 30 分钟
- 起油锅，放入肉丝及青椒大火快炒 1 分钟
- 将太白粉、水调在一起，做成芡汁
- 将芡汁倒入锅中搅拌，会产生黏稠现象，这叫勾芡
- 完成。

面向对象的方式描述如下：

- 青椒
  - 数量：500 克
  - 处理：用刀切成细丝，过油
- 肉丝
  - 数量：200 克

- ■ 处理：切丝，用酱油、酒、黑醋腌制 30 分钟
- 芡汁
  - ■ 制作：太白粉调上适量的水
  - ■ 勾芡：将芡汁倒入锅中
- 青椒处理好、肉丝处理好、芡汁制作好，放入锅中快炒 1 分钟后用芡汁勾芡即可。
- 用对象间的交互行为描述整件事情是如何发生的。

  （这部分的描述称为"主程序"）

面向对象与面向过程的开发方法具有本质上的不同，前者强调以对象为单位，进行分析、建模，并将与对象相关的属性、操作封装在一起处理。后者强调以过程为中心，重点描述完成某一功能或者任务所需要执行的流程、步骤等。

在本书中，我们将重点讨论如何使用 UML 相关的建模技术分析、构建面向对象系统的模型，因此，我们将简单回顾一些面向对象技术的重要概念，以便于讨论、分析后面的案例。

1. 类（class）

James Rumbaugh 这样解释类："具有相同属性、操作、方法、关系或者行为的一组对象的描述符。"类是具有相同类型的对象的抽象。

每一个对象都是独一无二的个体，有自己独立的存在。就像左手拿一支蓝色的钢笔、右手拿另一支蓝色的钢笔，于是，我们手中就有两支钢笔，它们是彼此独立的，每一支钢笔都有自己的标识。但它们有类似的属性：蓝色的墨水、半满、相同的厂商、相同的型号等。根据它们的属性，这两支笔是可以互换的，如果在纸上写下什么，不会有人看出是用了哪支钢笔。钢笔是相同的，但它们不是一支笔。

对象的状态通常与对象的属性取值相关，属性值的变化通常引起对象的状态变化。

2. 对象（object）

对象是包含了许多操作和状态信息的实体。对于这个概念，我们可以考虑一个例子以更好地解释对象的含义。例如，某个具体的人——张明，他有一系列作为人的属性，包括性别、年龄、身高、体重等；同样，它也有一系列属于人的行为，如散步、说话、微笑等。通过这个例子，我们可以给对象下个基本的定义：对象是运行期的基本实体，它是一个封装了数据和操作的代码逻辑实体，实现了数据和操作的结合。对象具有状态和行为，一个对象的状态通过其各种属性的当前数据值来标

识。它的操作可读取并且可修改内部变量的取值、信息，而用户仅仅能看到的部分是操作，内部的信息、变量的取值对用户来说是隐藏的。对象可以是物理实体，如一辆车、一把伞；也可以是概念实体，如一个化学进程、一次银行交易；还可以是软件实体，如软件的类、数据库表格等。

3. 继承（inheritance）

继承指的是一个类（称为子类、子接口）继承另外的一个类（称为父类、父接口）的功能，并可以增加它自己的新功能的能力，继承是类与类或者接口与接口之间最常见的关系。在 Java 中此类关系通过关键字 extends 明确标识。

继承是从现有的类推导出新的类的机制，即子类自动共享父类数据结构和方法。继承是类之间的一种关系，通过继承可以构建类的层次，是面向对象系统设计、开发的基础。在定义和实现一个类的时候，子类可以定义新的属性和 / 或操作，也可以重写继承的操作的实现，或者将自己的代码添加到继承的操作中。

在类层次中，子类仅继承某一个父类的数据结构和方法，则称为单重继承。在类层次中，子类继承了多个父类的数据结构和方法，则称为多重继承。

正确使用继承能够实现程序代码或者模型的重用，从而避免了冗余和错误。继承能够实现接口的统一定义，能够对系统中出现的事物进行自然的分类，并支持增量开发。

4. 多态（polymorphism）

多态指同一个实体同时具有多种形式。它是面向对象程序设计的一个重要特征。多态是一种允许你将父对象设置成为一个或更多父对象的子对象的技术，赋值之后，父对象就可以根据当前赋值给它的子对象的特性以不同的方式运作。

在 C++ 中，实现多态有以下方法：虚函数、抽象类、覆盖和模板（重载和多态无关）。同一操作作用于不同的对象可以有不同的解释，不同的操作实现方式产生不同的执行结果。在运行时，可以通过指向基类的指针来调用实现派生类中的方法。多态在 C++ 中是通过虚函数实现的。例如下面一段代码：

```
classA
{
public:
    A(){}
    virtual void foo()
    {
        cout<<"This is A."<<endl;
    }
};
classB:publicA
{
```

```
public:
    B(){}
    void foo()
    {
        cout<<"This is B."<<endl;
    }
};

int main(intargc,char*argv[])
{
    A* a = new B();
    a->foo();
    if(a != NULL)
    delete a;
    return 0;
}
```

这将显示：

```
This is B.
```

如果把 virtual 去掉，将显示：

```
This is A.
```

这里的多态通过使用虚函数 virtual void foo() 来实现。

在 Java 中，多态是面向对象程序设计语言最核心的特征。多态意味着一个对象有着多重特征，可以在特定的情况下表现不同的形态，从而对应不同的属性和方法。从程序设计的角度而言，多态可以这样来实现。

```
public interface Parent// 父类接口
{
    public void simpleCall();
}
public class Child_A implements Parent
{
    public void simpleCall();
    {
    // 具体的实现细节;
    }
}

public class Child_B implements Parent
{
    public void simpleCall();
    {
    // 具体的实现细节;
    }
}
// 当然还可以有其他的实现
```

多态所展示的特性表现如下：

```
Parent pa = new Child_A();
```

pa.simpleCall() 则调用了 Child_A 的方法。

```
Parent pa = new Child_B();
```

pa.simpleCall() 则是在调用 Child_B 的方法。

所以，我们对于抽象的父类或者接口给出了具体实现后，pa 可以完全不用关注实现的细节，只需要访问我们定义的方法就可以了。事实上，这就是多态所起的作用。

5. 封装（encapsulation）

封装可以实现保护对象内部状态的非授权访问，通常，这种访问是通过一个明确定义的接口进行的。接口的不同层次的可见性有助于定义不同的访问授权。

封装的目的是增强安全性和简化编程，使用者不必了解具体的实现细节，而只需要通过外部接口，以特定的访问权限来使用类的成员。通过封装技术，可以隐藏对象的属性和实现细节，仅对外公开接口，控制程序中属性的读取和修改的访问级别。

封装就是将抽象得到的数据和行为（或功能）相结合，形成一个有机的整体，也就是将数据与操作数据的源代码进行有机的结合，形成"类"，其中数据和函数都是类的成员。

1.8　小结

本章简要介绍模型驱动式软件开发方法以及模型驱动架构的元建模体系，介绍了建模的基本思想，以及使用 UML 建模语言所构建的平台无关模型在模型驱动软件开发过程中的重要地位和意义。此外，本章简单概述了统一软件开发过程及一些重要的面向对象思想、技术。这些概念将在本书的后续章节中使用，是讲解本书建模语言及案例开发部分的基础。

习题

1. 简述模型驱动开发的核心思想及 UML 在模型驱动开发方法中的作用。

2. 简述 RUP 软件开发过程包括哪些开发阶段。

3. 面向对象的核心技术包括哪些？

4. 什么是建模？请用你自己的话解释一下你对建模的理解。

5. 请简单阐述建模的重要性。

6. 模型驱动开发的核心思想是什么？谈谈你的理解。

第 2 章　UML 简介

本章主要简单介绍 UML 的发展历程、UML 的基本构成元素及用于扩展 UML 的各种扩展机制。

UML 是一种绘制软件蓝图的标准化语言，它提供了描述软件系统模型的概念和图形的表示方法，以及语言的扩展机制和对象约束语言。可以用 UML 对软件密集型系统的产品进行可视化、详述、构造和文档化。

UML 是在著名的 Booch 方法、OMT 方法、OOSE 方法基础上，吸取众家之长而形成的。UML 支持面向对象的技术，能够准确地表达面向对象的概念，体现面向对象的分析和设计风格。从企业信息系统到基于 Web 的分布式应用，乃至硬实时嵌入式系统，都适合用 UML 建模。

UML 仅仅是一种语言，因此，它只是软件开发方法的一部分。UML 是独立于软件开发过程的，但是，为了更好地展示 UML 的建模能力，本书将 UML 与"以用例为驱动、以体系结构为中心、迭代和增量的开发过程"相结合，从不同的建模视角展示 UML 的多视角建模能力。

2.1　UML 发展历程

面向对象建模语言出现于 20 世纪 70 年代中期。从 1989 年到 1994 年，其数量从不到十种增加到了五十多种。在众多建模语言中，语言的创造者努力推销自己的产品，并在实践中不断完善。但是，面向对象方法的用户并不了解不同建模语言的优缺点及相互之间的差异，因而很难根据应用特点选择合适的建模语言，于是爆发了一场"方法大战"。90 年代中期，一批新方法出现了，其中最引人注目的是 Booch1993、OOSE 和 OMT-2 等。Booch 是面向对象方法最早的倡导者之一，他提出了面向对象软件工程的概念。1991 年，他将以前面向 Ada 的工作扩展到整个面向对象设计领域。Rumbaugh 等人提出了面向对象的建模技术（OMT）方法，采用了面向对象的概念，并引入各种独立于语言的表示符。这种方法用对象模型、动态模型、功能模型和用例模型共同完成对整个系统的建模，所定义的概念和符号可用于软件开发的分析、设计和实现的全过程，软件开发人员不必在开发过程的不同阶段进行概念和符号的转换。OMT-2 特别适用于分析和描述以数据为中心的信息系统。

Jacobson 于 1994 年提出了面向对象软件工程 OOSE 方法，其最大特点是面向用例（Use Case），并在用例的描述中引入了外部角色的概念。用例是详细描述系统需求的"重要武器"，贯穿于整个软件开发过程，包括对系统的测试和验证。OOSE 比较适合支持业务工程和需求分析。

此外，还有 Coad/Yourdon 方法，即著名的 OOA/OOD，它是最早的面向对象的分析和设计方法之一。该方法简单、易学，适合于面向对象技术的初学者使用，但由于该方法在处理能力方面存在局限性，目前已很少使用。

概括起来，首先，面对众多的建模语言，用户由于没有能力区别不同语言之间的差别，因此很难找到一种比较适合其应用特点的语言；其次，众多的建模语言表现形式各不相同；第三，虽然不同的建模语言大多类似，但仍存在某些细微的差别，极大地妨碍了用户之间的交流。因此在客观上，极有必要在精心比较不同的建模语言优缺点及总结面向对象技术应用实践的基础上，由国际权威组织，对现有的建模语言取其精华、去其糟粕、求同存异，提出一种统一的、通用的建模语言。1994 年 10 月，Grady Booch 和 Jim Rumbaugh 将 Booch1993 和 OMT-2 统一起来，并于 1995 年 10 月发布了第一个公开版本，命名为统一方法（Unified Method，UM）。1995 年秋，OOSE 的创始人 Ivar Jacobson 加入到这一工作中。在三人的共同努力下 Booch、Rumbaugh 和 Jacobson，于 1996 年 6 月和 10 月分别发布了两个新的版本，即 UML 0.9 和 UML 0.91，并将 UM 重新命名为 UML。这是 UML 发展的里程碑。

1996 年，一些机构将 UML 作为其商业策略的趋势已日趋明显。UML 的开发者得到了来自公众的正面反应，并倡议成立了 UML 成员协会，以完善、加强和促进 UML 的定义工作。当时的成员有 DEC、HP、I-Logix、Itellicorp、IBM、ICON Computing、MCI Systemhouse、Microsoft、Oracle、Rational Software、TI 以及 Unisys。这些机构对 UML 1.0（1997 年 1 月）及 UML 1.1（1997 年 11 月 17 日）的定义和发布起到了重要的促进作用。

面向对象技术和 UML 发展过程可用图 2-1 展示出来，标准建模语言的出现是其标志性成果。在美国，截至 1996 年 10 月，UML 获得了工业界、科技界和应用界的广泛支持，已有 700 多个公司表示支持采用 UML 作为建模语言。1996 年年底，UML 已稳占面向对象技术市场的 85%，成为可视化建模语言事实上的工业标准。1997 年 11 月 17 日，OMG 采纳 UML。作为基于面向对象技术的标准建模语言，UML 代表了软件开发技术的发展方向，具有巨大的市场前景，也具有重大的经济价值。目前 UML 的最新版本是 UML 2.5，但它仍然处于不断发展和完善过程中。

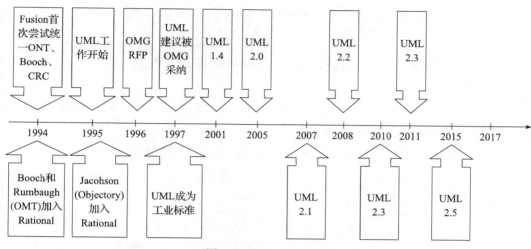

图 2-1 UML 发展历程

2.2 UML 概述

UML 是一种对软件密集型系统的制品进行描述、规约、建模的语言，具有如下特点：

- 可视化（visualizing）
- 规约（specifying）
- 构造（constructing）
- 文档化（documenting）

可视化的优点是以直观、便于使用者理解和沟通的方式，描述待开发的系统。它比文本内容更加直观，易于被人们理解和接受。规约是指在软件开发过程中，人们需要明确地表示待开发系统的结构、行为等特征，因此需要使用一种标准化的语言，明确、无歧义地描述待开发系统，从而便于人们开发软件系统。构造模型是开发大规模、复杂系统的有效手段之一，通过构造系统的模型，进而能够在开发系统之前，对系统的结构、行为进行刻画、分析，从而减少软件开发的成本，尽量在开发过程的早期发现错误，控制软件开发的风险。此外，构造意味着 UML 与现有的编程语言之间有联系，可借助一些技术实现模型到编程语言的转换、映射。文档化是指借助建模语言，可以在软件开发过程中将相关的、重要的分析、建模内容以文档的方式记录下来，便于开发组的人员进行沟通、交流。UML 的这些特点使其能够被广泛应用于各种软件开发过程。

2.2.1 UML 是一种建模语言

语言提供了用于交流的词汇表并且规定了组合词汇的规则，而建模语言的词汇表和规则注重于对系统进行概念上和物理上的描述，UML 就是这样的建模语言，是用于建模软件蓝图的标准语言。

UML 的词汇表和建模规则规定了如何创建或理解形式良好的模型。它有着如下一些特点：

1）UML 统一了各种方法对不同类型的系统、不同开发阶段以及不同内部概念的不同观点，从而有效地消除了各种建模语言之间不必要的差异。它实际上是一种通用的建模语言，可以为许多采用面向对象建模方法的用户所使用。

2）UML 建模能力比其他面向对象建模方法更强。它不仅适合于一般系统的开发，而且对并行、分布式系统的建模尤为适宜。

3）UML 是一种建模语言，而不是一个开发过程。

UML 作为一种标准化的建模语言，提供了一种标准化的建模表示形式，能够有效地帮助设计人员根据系统的需求来构建系统的设计模型，并被越来越多的建模工具所支持，能够有效地解决软件系统的模型表示、模型构建、模型到代码的自动生成问题。

2.2.2　UML 是一种可视化建模语言

看到"可视化"三个字，也许大家会觉得奇怪，像一些代码、文档不都是可以看见的吗？这个特点不是没有意义吗？事实当然不是这样的，这里的可视化指的并不是 UML 的模型是用眼睛可以看到的，而是说 UML 通过它清晰的模型和有逻辑的表示方法，把那些通过文字或其他表达方法很难表达清楚的事物、操作，过程和关系，以可视化的、图形的方式直接简单地展示出来。这种直观的表达方式有助于人们理解复杂模型的含义。

以前程序员一起开发一个项目，总是通过代码来展示自己的成果，这样很不利于交流，首先，别人并不一定使用相同的语言。其次，就算读懂了代码，但也浪费了时间，而且只是推断出含义，不一定能直接领会。最后，如果一个开发者删除了代码而没有写下模型，一旦他另谋高就，这些信息就会永远丢失。

与之不同的是，可视化的模型有利于交流，能够实现模型的重用，方便设计人员对设计文档进行归档。例如，一个开发者可以用 UML 绘制一个模型，而其他开发者可以无歧义地解释这个模型。在软件开发过程中使用 UML 标准建模语言，以可视化的方式构建系统的模型，能够有效实现开发人员之间的沟通，方便模型的理解、保存等。

2.2.3　UML 是一种用于规约的语言

规约（specification）是指对系统的设计进行详细的描述，意味着所建的模型是精确的、无歧义和完整的。规约语言有很多种，如形式化规约语言 Z，用于精确地规约系统的需求，描述系统的需求，帮助人们开发软件产品。此外，UML 也可以用于规约系统的需求，以模型的方式描述系统的需求，帮助设计者理解需求，并对这些需求模型进行归档、分析等。特别地，UML 适于对所有重要的分析、设计和实现决策进行详细描述，这些是软件密集型系统在开发和部署时所必需的。因此，UML 也称为一种用于规约的语言，与其他形式化规约语言有所不同，UML 是以模型的方式规约、描述系统的设计思想。

2.2.4　UML 是一种用于构造的语言

根据模型驱动开发方法，在软件开发过程中设计者的主要工作是构建系统的模型，并借助模型转换技术，通过正向工程将系统的 PIM 转换为 PSM 或者代码。UML 作为模型驱动开发的核心支撑技术，现有的建模工具已经能够将 UML 模型映射成相应编程语言如 Java、C++ 和 Visual Basic 等格式的代码，甚至映射成关系数据库的表或面向对象数据库的持久存储。这种从模型到代码的直接映射工作可以通过正向工程实现，能够有效提高代码的生成质量和效率。因此，从这种意义上而言，UML 也可以看作一种用于构造的语言，能够借助模型转换技术，将 UML 模型转换为相应的代码框架，帮助构建整个软件系统。

目前，已经有比较成熟的建模工具，如 Enterprise Architecture 等，能够支持基于 UML 的模型驱动式软件开发方法，从需求建模、设计建模到代码生成等。因此，UML 作为一种用于构造的语言，能够有效帮助构造系统的模型、代码。

2.2.5　UML 是一种用于文档化的语言

复杂的软件系统的开发工作，除了要生成高质量的、可执行的代码之外，在软件开发过程中，需要制定各种文档、模型，还要给出软件开发过程中产生的重要制品，这些制品包括：
- 需求规约
- 体系结构
- 设计模型
- 源代码
- 项目计划
- 测试用例
- 原型
- 产品发布

当然制品并不仅仅限于这些，但这些是较为重要和基础的。依赖于开发文化，一些制品做得或多或少地比其他一些制品要正规些。这些制品不但是项目所交付时所要求的，而且无论是在开发期间还是在交付使用后对控制、度量和理解系统也是关键的。软件开发过程中产生的文档是整个软件开发过程中的重要制品，可用于整个软件开发过程、软件测试、产品维护等。因此，UML 也称为一种用于文档化的语言，使用 UML 构建的模型是整个软件开发过程中的重要文档之一。

2.2.6　UML 的应用领域

UML 的目标是以面向对象的方式来描述任何类型的系统，具有广泛的应用领域。其中最常用的是建立软件系统的模型，但它同样可以用于描述非软件领域的系统，如机械系统、企业机构或业务过程，以及处理复杂数据的信息系统、具有实时要求的工业系统或工业过程等。总之，UML 是一个通用的标准建模语言，可以对任何具有静态结构和动态行为的系统进行建模。

此外，UML 适用于系统开发过程中从需求规格描述到系统测试的不同阶段。在需求分析阶段，可以用用例来捕获用户需求。通过用例建模，描述对系统感兴趣的外部角色及系统为其提供的服务。分析阶段主要关心问题域中的主要概念（如抽象、类和对象等）和机制，需要识别这些类以及它们相互间的关系，并用 UML 类图来描述。为实现用例，类之间需要协作，这可以用 UML 动态模型来描述。在分析阶段只对问题域的对象（现实世界的概念）建模，而不考虑定义软件系统中技术细节的类（如处理用户接口、数据库、通信和并行性等问题的类）。这些技术细节将在设计阶段引入，因此，设计阶段为构造阶段提供更详细的规格说明。

编程（构造）是一个独立的阶段，其任务是用面向对象编程语言将设计阶段产生的类模型转换成实际的代码。在用 UML 建立分析和设计模型时，应尽量避免考虑把模型转换成某种特定的编程语言。因为在早期阶段，模型仅仅是理解和分析系统结构的工具，过早考虑编码问题十分不利于建立简单正确的模型。

UML 模型还可作为测试阶段的依据。系统通常需要经过单元测试、集成测试、系统测试和验收测试。不同的测试小组使用不同的 UML 图作为测试依据：单元测试使用类图和类规格说明；集成测试使用构件图和通信图；系统测试使用用例图来验证系统的行为；验收测试由用户进行，以验证系统测试的结果是否满足在分析阶段确定的需求。

总之，标准建模语言 UML 适用于以面向对象技术来描述任何类型的系统，而且适用于系统开发的不同阶段，从需求规格描述直至系统完成后的测试和维护。在本书中，我们主要讨论如何将 UML 应用于建模软件密集型系统，如企业信息系统、银行与金融、电信、交通运输、国防、航空航天、零售、电子医疗等。

2.3　UML 的基本构成

2.3.1　UML 的构造块

UML 包含 3 大类构造块，分别是事物（thing）、关系（relationship）和模型图（diagram）。如图 2-2 所示。

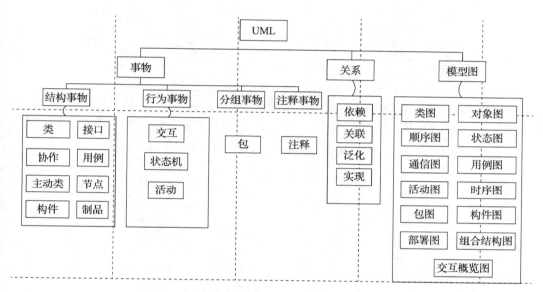

图 2-2　UML 知识结构框架

1. 事物

事物又分为结构事物、行为事物、分组事物和注释事物，是对模型中首要成分的抽象。关系把事物结合在一起；模型图聚集了相关的事物。它们是 UML 中面向对象的基本构造块，用它们可以写出结构良好的模型。

（1）结构事物

结构事物（structural thing）通常是模型的静态部分，描述概念元素或物理元素。结构事物总称为类元（classifier）。

1）类（class）。类是对一组具有相同属性、相同操作、相同关系和相同语义的对象的描述。如图 2-3 所示。

2）接口（interface）。接口是一组操作的集合，每个操作描述了类或构件的一个服务。因此，接口描述了元素的外部可见行为。如图 2-4 所示。

3）协作（collaboration）。协作定义了一个交互。它是由一组共同工作以提供某种协作行为的角色和其他元素构成的一个群体，这些协作行为大于所有元素的各自行为的总和。如图 2-5 所示。

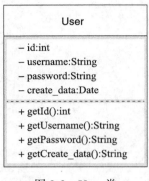

图 2-3   User 类

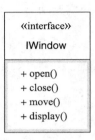

图 2-4   接口

4）用例（use case）。用例是对一组动作序列的描述，系统执行这些动作将产生对特定的参与者有价值而且可观察的结果。用例用于构造模型中的行为事物，主要用于描述系统的需求。如图 2-6 所示。

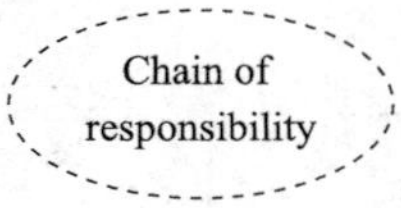

图 2-5   协作

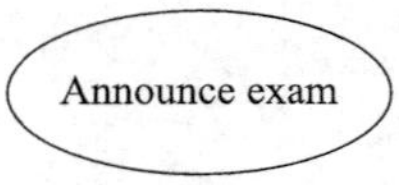

图 2-6   用例

5）主动类（active class）。主动类对象至少拥有一个进程或线程，它能够启动某个控制活动。在图符表示上，主动类与一般的类符号表示的不同之处在于，它的左右外框是双线，通常包含名称、属性和操作。如图 2-7 所示。

6）构件（component）。构件是系统中遵循同一组接口且提供其实现的物理的、可替换的部分。构件将实现隐藏在一组外部接口之后。构件遵循一组接口的定义，并提供对一组接口的实现。每个构件都实现一定的功能，并通过其提供的接口为其他构件提供服务，方便软件构件的复用，提高软件开发的效率和质量。构件具有的特点包括它是物理的、是系统中可替换、可重用的一部分。如图 2-8 所示。

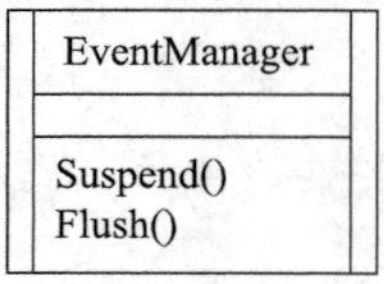

图 2-7   主动类

图 2-8   构件

7）制品（artifact）。制品是系统中物理的而且可替代的部件，它用于建模物理信息。我们通常使用制品表示对源代码文件、可执行程序、脚本等信息的物理打包。如图 2-9 所示。

8）节点（node）。节点是在运行时存在的物理元素，它表示一个计算机资源，通常至少有一些记忆能力和处理能力。如图 2-10 所示。

```
《artifact》
window.dll
```

图 2-9　制品

图 2-10　节点

这些元素——类、接口、协作、用例、主动类、构件、制品和节点，是 UML 模型中包括的基本结构事物。它们也有变体，如参与者、信号、实用程序（一种类）、进程和线程（两种主动类）、应用、文档、文件、库、页和表（一种制品）等。在后续的章节中，我们将介绍如何使用 UML 的构造型定义各种建模元素的变体，为其赋予丰富的语义。

（2）行为事物

行为事物（behavioral thing）通常是模型中的动词，代表了跨越时间和空间的行为。

1）交互（interaction）。它由在特定语境中共同完成一定任务的一组对象或角色之间交换的消息组成。一个对象群体的行为或者单个操作的行为可以用一组交互来描述。

2）状态机（state machine）。它描述了一个对象或一个系统在生命期内响应事件所经历的状态序列以及对这些事件的响应。

3）活动（activity）。它描述了计算过程执行的步骤序列。

交互所注重的是一系列相互作用的对象，状态机所注重的是一定时间内一个对象的生命周期，活动所注重的是步骤之间的控制流而不关心哪个对象执行哪个步骤。交互、状态机和活动这些建模元素是可以包含在 UML 模型中的基本行为事物。在语义上，这些元素通常与各种结构元素（主要是类、协作和对象）相关。

（3）分组事物

分组事物（grouping thing）是 UML 模型的组织部分，是一些将模型分解成的"盒子"，主要的分组事物是包。

包（package）是用于对设计本身进行组织的通用机制，与类不同，类用来组织实现构造物。包是用来组织 UML 模型的基本分组事物，它也有变体，如框架、模型和子系统（它们是包的不同种类）。

（4）注释事物

注释事物（annotational thing）用于建模 UML 模型的解释部分，注释事物是依附于一个元素或一组元素之上对其进行约束或解释的简单符号。这些注释事物用来描述、说明和标注任何模型元素。

2. 关系

关系是 UML 建模元素中非常重要的部分，主要用于将各种建模事物、元素联系起来，用于建模这些模型事物之间的关系。

在 UML 中有四种特殊的关系：依赖、关联、泛化、实现。

（1）依赖

依赖（dependency）是两个模型元素间的语义关系，其中一个元素（独立元素）发生变化将会影响另一个元素（依赖元素）的语义。

（2）关联

关联（association）是类之间的结构关系，它描述了一组链，链是对象（类的实例）之间的连接。例如，聚合是一种特殊类型的关联，它描述了整体和部分之间的结构关系。

（3）泛化

泛化（generalization）是一个特殊 / 一般关系，在其中特殊元素（子元素）基于一般元素（父元素）而建立。在泛化关系中，子元素继承了父元素的结构和行为。

（4）实现

实现（realization）是类元之间的语义关系，其中的一个类元指定了由另一个类元保证执行的契约。例如，实现关系会出现在下面的建模场景中：一种是在接口和实现它们的类或构件之间；另一种是在用例和它们的协作之间。

3. 模型图

模型图是一组模型元素的图形表示，大多数情况下把图画成顶点（代表事物）和连线（代表关系）的连通图。在本书中，我们将 UML 的各种图统一称为模型图或者模型。

UML 包括 13 种模型图，包括类图、对象图、构件图、组合结构图、用例图、顺序图、通信图、状态图、活动图、部署图、包图、时序图、交互概览图。如图 2-11 所示。

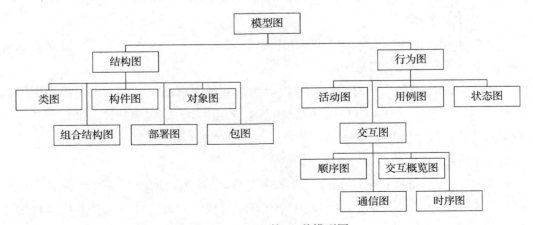

图 2-11　UML 的 13 种模型图

（1）类图

类图（class diagram）展现了一组类、接口、协作和它们之间的关系。在面向对象系统的建模中所建立的最常见的图就是类图。类图给出系统的静态设计视图。包含主动类的类图给出系统的静态进程视图。

（2）对象图

对象图（object diagram）展现了一组对象以及它们之间的关系。对象图描述了在类图中所建立的事物的实例的静态快照。与类图一样，这些图给出系统的静态设计视图或静态进程视图，但它们是从真实案例或原型案例的角度建立的。

（3）构件图

构件图（component diagram）展现了一个封装的类和它的接口、端口以及由内嵌的构件和连接件构成的内部结构。构件图用于表示系统的静态设计实现视图。对于由小的部件构建大的系统来说，构件图是很重要的。在基于构件的软件工程中，特别强调构件的设计、重用。

（4）用例图

用例图（use case diagram）展现了一组用例、参与者（一种特殊的类）及它们之间的关系。用例图常用于建模系统的需求，属于系统的静态结构视图。

（5）顺序图和通信图

顺序图（sequence diagram）和通信图（communication diagram）都是交互图。

交互图展现了一种交互，它由一组对象或角色以及它们之间可能发送的消息构成。交互图专注于系统的动态视图。

顺序图是强调消息的时间次序的交互图。通信图是一种强调收发消息的对象或角色的结构组织。顺序图和通信图表达了类似的基本概念，但每种图强调概念的不同视角，顺序图强调时序，通信图强调消息流经的拓扑结构。

（6）状态图

状态图（state diagram）可视化地建模了一个状态机。它由状态、转移、事件和活动组成。状态图展现了对象的动态视图，强调某个复杂对象或者子系统在其生命周期中，由于事件触发导致的状态变迁过程。它对于接口、类或协作的行为建模尤为重要，而且它强调事件导致的对象行为，这非常有助于对反应式系统、嵌入式系统进行建模。

（7）活动图

活动图（activity diagram）是建模系统业务流程的主要模型之一。它将进程或其他计算的结构展示为计算内部一步步的控制流和数据流。它对于系统的功能建模特别重要，并强调对象间的控制流程，常用于建模系统的业务流程或者系统主要功能操作的流程。

（8）部署图

部署图（deployment diagram）展现了对运行时的处理节点以及在其中生存的构件的配置，主要用于系统的部署阶段。部署图给出了体系结构的静态部署视图。

（9）组合结构图

组合结构图（composite structure diagram）是 UML 2.0 新增的一种静态结构图，它用来描述系统中某一部分（即"组合结构"）的内部结构，包括该部分与系统其他部分的交互点。组合结构图能够展示该部分内容"内部"参与者的配置情况。组合结构图中有几个非常重要的概念，如端口和协议。

（10）包图

包图（package diagram）是一种逻辑模型图，能够显示建模系统的逻辑结构划分，展现由模型本身分解而成的组织单元以及包图之间的依赖关系。

（11）时序图

时序图（timing diagram）是一种交互图，它展现了消息跨越不同对象或角色的时间信息，而不仅仅是关心消息传递的相对顺序。时序图模型能够有效建模对象之间消息的交互，强调消息的交互按照时间顺序进行，常用于建模实时系统。

2.3.2　UML 的建模规则

语言的定义通常需要满足一定的语法、语义规则约束。UML 有自己的语法和语义规则，例如：

- 命名规则：为事物、关系和模型命名时应该遵循的规则。
- 范围规则：使名字具有特定含义的语境。
- 可见性规则：这些名字如何让其他建模元素看见和使用。
- 完整性规则：建模元素如何正确、一致地相互联系。
- 执行规则：运行或模拟动态模型的含义是什么，执行时应该遵循的规则。

这些规则明确规定了在使用 UML 语言的过程中建模者需要遵循的建模准则，只有按照这些规则构建出来的模型才是形式上良好的模型，才能被称为定义良好的模型（well-formed model）。在实际建模过程中，我们需要时刻牢记这些基本的建模规则，在设计模型的细节时遵循这些建模规则，构建定义良好的模型。

2.3.3　基于 UML 的模型驱动开发

在模型驱动的软件开发过程中，系统开发的核心任务是构建系统的模型。模型驱动开发与传统的开发方式相比，开发生命周期各个阶段产生的主要制品是能够被计算机理解的模型，模型在整个生命周期中处于核心地位。根据 MDA 的思想，开发者需要构建系统的模型，而 UML 作为一种可视化建模语言，很适合用于构建系统的模型。因此，基于 UML 的模型驱动软件开发方法被广泛应用于开发大型的软件系统。我们将重点围绕如何构建 UML 模型、如何更好地使用 UML 的基本建模元素来构建系统的模型展开讨论，并结合案例分析详细展示如何在实际应用中构建系统的 UML 模型，为模型驱动的软件开发提供技术支持。

2.4　UML 的公共机制

像任何语言一样，UML 提供了一套公共机制（common mechanism）或者称为规则，用于描述一个结构良好的模型应该遵循的基本要求。在 UML 中有 4 种贯穿了整个语言的公共机制，使 UML 变得较为简单、易于理解和使用。这 4 种公共机制是规约、修饰、通用划分和扩展机制。

UML 表示法中的每一个元素都有一个基本符号，可以把各种修饰细节添加到这个符号上。

1. 规约

规约提供了对构造块的语法和语义的文字叙述。在视觉上，类的图符可能仅展示了这个详述的一小部分。此外，可能存在着该类的另一个视图，提供了一个完全不同的规范方式、元素集合，但是它仍然与该类的基本详述相一致。UML 的图形表示法用来对系统进行可视化；而 UML 的规约详述用来说明、刻画模型的细节。UML 的规约提供了一个语义模板，它包含了一个系统的各个模型的所有部分。因此，UML 的模型图只不过是对该语义模板的简单视觉投影，每一个图展现了系统的某个特定的建模方面。

2. 修饰

UML 中的大多数元素都有唯一的图形表示符号，这些图形符号是建模元素的可视化表示。此外，可以通过使用修饰的方式，详细描述建模元素的细节信息。例如，对类的详述可以包含其他细节，如它是否是抽象类。可以把很多这样的细节表示为图形或文字修饰，放到类的基本矩形符号上。UML 表示法中的每一个元素都有一个基本符号，可以把各种修饰细节加到这个基本符号上。在建模过程中，通过使用修饰的方式可以在基本建模元素上增加模型的细节，使得模型表示的信息更加丰富，方便人们理解模型的含义。

3. 通用划分

在面向对象系统建模中，通常有几种划分方法。第一种方法是对类和对象的划分。类是一种抽象，对象是这种抽象的一个具体表现。第二种划分方法是接口和实现的分离。接口声明了一个合约（contract），而实现则表示了对该合约的具体实施，它负责实现接口定义的服务集合即接口的完整语义。第三种划分方法是类型和角色的分离。类型声明了实体的种类（如对象、属性或参数），角色描述了实体在语境中的含义（如类、构件或协作等）。

4. 扩展机制

UML 是一种绘制软件蓝图的标准语言，但是一种闭集合的语言即使表达能力再丰富，也难以表示出各种领域中的各种模型在不同时刻所有可能的细微差别。因此，UML 是开放的，能够提供各种扩展机制，使得人们能够以受控的方式来扩展该语言。UML 的扩展机制为人们对 UML 进行扩展提供了可能，针对不同的应用领域，可以在基本 UML 建模元素的基础上应用扩展机制，构建出可应用于该领域的特定建模语言。

UML 的扩展机制包括构造型、标记值、约束。

（1）构造型（衍型）

构造型（stereotype）扩展了 UML 的词汇，可以用来创造新的构造块。这个新构造块可从现有的构造块派生出来，专门针对要解决的问题而设计。因此，构造型的语义信息更加丰富，支持建模特定领域的信息。

（2）标记值

标记值（tagged value）扩展了 UML 构造型的特性，可以用来创建构造型的新信息。

（3）约束

约束（constraint）扩展了 UML 构造块的定义，可以用来增加新的规则或修改现有的规则。总之，这 3 种扩展机制允许根据项目的需要塑造和培育 UML。这些机制也使得 UML 适合于新的软件技术，可以增加新的构造块，修改已存在的构造块的详述，甚至可以改变它们的定义。当然，以受控的方式进行扩展是重要的，这样可不偏离 UML 的真正目的——信息交流。详细的扩展机制的介绍及使用将在后续的章节中进行介绍。

2.5　小结

本章主要简单介绍了 UML 的发展历程、UML 建模语言的基本构成元素及 UML 建模语言的公共机制，其中详细介绍了用于扩展 UML 的各种扩展机制，如构造型、Profile 等，在后续章节中详细介绍 UML 的各种建模元素时，将对这些基本思想进行具体应用。此外，UML 扩展机制的应用也将在第 13 章进行详细阐述。

习题

1. 简述 UML 的发展历程。

2. UML 标准建模语言共包含哪些模型图，各自的特点是什么？

3. 为什么 UML 提供了一些扩展机制？主要有几种形式的扩展机制？

4. 简单解释什么是 UML 的扩展机制。

5. 在模型驱动的软件开发方法中，通常需要构建 UML 模型，请解释 UML 与模型驱动开发之间的关系。

第3章 公共机制

第 2 章简单介绍了一下公共机制，它包括规约、修饰、通用划分和扩展机制，本章将重点讨论修饰和扩展机制，并将带领读者深入地学习如何在实际建模过程中应用这两种机制，达到灵活使用、扩展 UML 的目的。

3.1 基本概念

由于本章主要介绍如何使用公共机制中的两种机制——修饰和扩展机制，所以，我们先了解一下这两种机制包含的概念。

- 注解（note）：注解是一种最重要的、最常用的，能单独存在的修饰。
- 构造型（stereotype）：UML 的扩展机制包括构造型、标记值和约束。其中，构造型是对 UML 词汇的扩展，用来创建与已有的构造块相似，但针对特定问题的新种类的构造块，主要用于建模特定的领域问题。
- 标记值（tagged value）：标记值是构造型的一种特性，允许在带有构造型的元素中创建新的信息。
- 约束（constraint）：约束是对 UML 建模元素的语义进行文字说明，用来增加新的规则或修改已有的规则。

3.1.1 注解

注解是 UML 修饰机制的一个重要组成部分，可以单独存在，将它附加在建模元素或建模元素集上可表示约束或注释信息。通常，使用注解能够帮助建模者清晰地表达其建模的意图、模型元素的含义等。

当用 UML 的各种建模元素为软件系统建模时，有些建模元素具有复杂的语法、语义、约束、说明等，这些内容对表达问题的某一方面很重要，但又无法通过使用标准建模元素清晰地、完整地表达出来，这时可使用注解对这些建模元素进行附加说明。例如，当描述一组对象间的交互时，其中消息的语义、语法无法在消息的名字字串内完整地表达，可以用注解的方式进行直观的说明，这样更便于人们理解模型图。

为模型增加注解的描述方式不是软件建模独有的，在其他工业建模领域，注解也是大量存在的。例如，在电子线路图上，可以通过使用注解对电路的电气特性进行说明。

1. 注解的定义

在 UML 中,注解被定义为 UML 的一个图形表示,用来描述对一个或一组 UML 建模元素的约束或注释。

2. 注解的图形化表示

在 UML 里,注解被图形化为一个折角矩形,矩形的内部放置注解的内容。

注解可对任何 UML 建模元素(如类、对象、关系、消息等)的各方面的特性作补充说明。可以用注解来捕获设计分析过程中产生的假设和决定。需要注意的是注解的内容对被注解的建模元素没有任何语义上的影响,它只起到增强模型的可读性作用。注解的主要目的是帮助人们更好地理解模型,帮助建模者更好地表达清楚所建模型的含义。

UML 对注解的内容不做任何限制,可以是普通的文本,也可以是形式化的描述,如 OCL 表达式。如果工具支持的话,注解还可以包含网络链接的 URL 地址。注解的内容不宜过长,如果有很长的内容需要通过注解表达的话,可以把内容存放在一个独立的文件内,在注解内则放置对此文件内容的引用(即对文件的引用,文档链接)。注解和被注解的建模元素之间用虚线连接,一个注解可以为多个建模元素作注解。如图 3-1 所示。

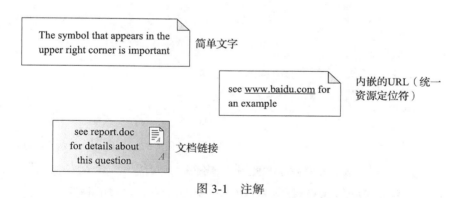

图 3-1 注解

3.1.2 修饰

简单地说,UML 表示法中的每一个元素都有一个基本符号,可以把各种修饰细节添加到这个符号上。修饰采用可视化的方式刻画元素规约的细节。例如,在一个类图中,类名可采用斜体字书写表示这个类是抽象类,方法名前加上 +、−、# 等符号分别表示公有、私有和保护类型。又如,关联的基本表示法是一条线,但是可以用关联各端的角色或多重性等细节来修饰它,从而更加详细地描述该关联的特性。

在使用 UML 建模时,需要遵循的一般规则是:先对每个元素用基本的表示方法，只在有必要表达模型的重要的特殊信息时才增加其他修饰。因此，需要根据实际情况使用修饰技术，对模型进行详细描述，但切记不要乱用修饰。因为建模的最终目的是为了便于交流、易于理解，如果模型图过于复杂，则不便于突出模型要表达的主要含义。

大多数修饰是通过在一些元素附近放一些文字或对基本表示法添加图形符号来表示的。然而，对于如类、构件和节点这类事物，可以在它们平常的分隔栏底部增加额外的分隔栏。

分隔栏有两种形式：具名分隔栏和匿名分隔栏。一般情况下，我们尽量使用具名分隔栏，以免造成混淆。例如，在图 3-2 中，类 Transaction 有额外的一个分隔栏，用于描述在事务处理中可能需要处理的一些异常情况。

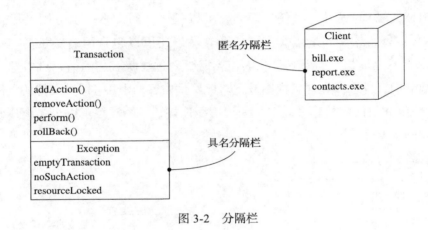

图 3-2　分隔栏

3.1.3　扩展机制

1. 构造型

UML 已经提供了标准的建模元素用于软件系统的建模，但在各种不同的应用领域，往往有可能出现现有的建模元素无法充分表达所需内容的情况。因此，需要在现有的建模元素的基础上进行扩展，产生针对特定领域建模问题的建模元素——构造型（也称衍型）。

构造型定义了如何扩展现有的元类，其基于现有的 UML 建模元素，并针对特定的问题领域，在现有建模元素上增加具有特殊含义的新的建模元素。可见，构造型定义了一个从已有建模元素中派生出来的，并且针对建模者的具体问题进行具体定制的构造块。构造型被分组成特殊类型的包，称为配置文件（profile）。构造型使用新增的属性和约束扩展了现有的 UML 概念。

构造型与最初的建模元素有类似之处，此外，它可以有自己的新特性（用标记值表示）、新的语义（可用约束表示）和新的标识符（文本的和图形化的）。UML 已经定义了许多标准的构造型，但建模者也可以根据需要自定义新的构造型。在创建一个构造型时，必须为其指定一个名字，在原建模元素的图形表示的名字的上方，放置用双尖括号 «» 括起来的构造型，以作为可视化的提示。

而随着 UML 的发展，UML 1.4 及其后的版本扩展了构造型的概念，它们允许为一个建模元素附加多个构造型。因此，一个建模元素不同的、可能正交的特性可以通过不同的构造型表示出来。

使用构造型的基本原则：

- 确认用基本的 UML 无法表达你想要描述的事物。
- 从 UML 基本事物中选取最相似的图形，基于该相似的建模元素构造新的建模元素。
- 通过定义一组标记值和约束，详述新的建模元素的特性和语义。
- 为了更清晰地标识新的建模元素，可以对其使用新的图标。

构造型的图形表示可以采取三种等价的表示形式（见图 3-3）：

- **命名的构造型**（named stereotype）又称为具名衍型，是最简单的表达形式，保留了原建模元素的图形表示，而用构造型名来修饰原建模元素的名字，以使构造型在图形表示上有别于原建模元素。
- **构造型的图标形式**（stereotyped element as icon），即作为图标的衍型化元素。
- **带有图标的命名构造型**（named stereotype with an icon），又称为带有图标的具名衍型。

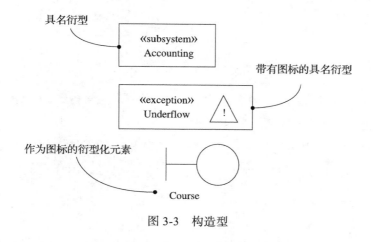

图 3-3　构造型

2. 标记值

任何一个 UML 建模元素都有其标准构成元素。例如，对类而言，名字、属性、操作就是它的三个基本构成元素。那么对于构造型而言，需要明确表示其构成元素，我们可以使用标记值为 UML 的构造型增加新的特性。例如，对软件系统中的同一个类，需要标识它在不同版中的定义，需要为类设置一个新的特性，可以用名为 version 的标记值来表达该特性。

标记值由一对字符串构成，这对字符串由标记值的名字、取值及分隔符组成。名字位于字符串的起始位置，取值位于字符串的尾部，它们之间用等号分隔。在不引起混淆的情况下，标记值的名字可以省略。

标记值与类的属性不同。属性定义的是被建模的事物的构成，而标记值定义的是建模元素本身的构成。可以把标记值看作元数据，这是因为它的值将应用到元素本身，而不是它的实例。

（1）使用标记值的原则

1）确认基本的 UML 建模元素无法明确地表达你所要描述的语义，需要对现有建模元素进行扩充。

2）为一种建模元素定义的标记值可以应用到它的"子孙"。

（2）标记值的图形表示

在模型图中，可使用一个字符串来表示标记值，用花括号括起来。一般表现为"{ 标记名＝标记值 }"，被放置到原建模元素的名字的下方。如图 3-4 所示。

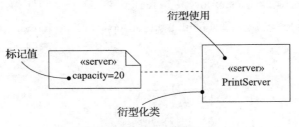

图 3-4　构造型和标记定义

标记值也可以被表达为一个字符串，放置到一个注解内，该注解与标记值所修饰的构造型相连，如图 3-5 所示。

标记值常被用于说明与代码生成、配置管理相关的属性。例如，你可以用标记值指明特定类所能映射到的编程语言；类似地，你也可以用标记值描述一个构件的作者或版本信息。

3. 约束

UML 的每一个建模元素都有明确的语义。如果在建模时，有些特定的规则、语义无法使用现有的 UML 语义描述，则可以使用约束对建模元素的现有建模规则进行扩展。

约束可用来扩展 UML 建模元素的语义，以便增加新的规则或修改已有的规则。

例如，双向的关联关系及其角色名和多重性描述了类之间的对应关系；如果需要在此对应关系上再增加同一角色的多个重复对象中的排序关系，可在该关联关系上增加 "{ 有序 }" 的约束，以表达该关联关系的新规则。

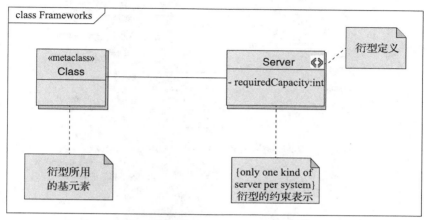

图 3-5　标记值

　　约束为对应的建模元素规定了一个条件，对于一个完备的模型而言，此建模对象必须使该条件被满足。

（1）使用约束的原则

- 只有当确认基本的 UML 建模元素无法表达你要描述的语义信息时，才使用约束对基本的建模元素进行语义上的限定。
- 将约束放到对应元素的附近，并使用依赖关系连接起来。
- 如果需要把新语义描述得更加精确、形式化，可使用对象约束语言（Object Constraint Language，OCL）表达式刻画新的语义。

（2）约束的图形化表示

　　将描述约束信息的文本串放在一对花括号内，并将其放置在被约束的建模元素附近。这种表示法也被用作对元素的基本表示法的修饰，以便将没有图形提示的元素规约部分可视化。例如，用这种约束表示法来表示关联的一些特性。如图 3-6 所示。

4. Profile 扩展机制

（1）Profile 的概念

　　Profile 是一种通用的 UML 扩展机制，用于构建面向特定应用领域的 UML 模型。它具有一组定义的衍型、标记值、约束和应用于具体领域的模型元素，如类、属性、操作和活动。一个 Profile 对象就是一系列为特定领域（比如航空航天、轨道交通、金融）或平台（J2EE、.NET）定义的 UML 集合。由于 Profile 建立在普通的 UML 元素的基础上，所以它不代表一个新的语言，能够被现有的 UML 建模工具支持，因此能够重用已有的建模方法及工具。

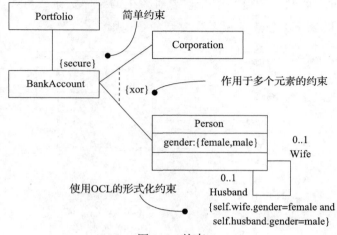

图 3-6   约束

通常，大多数 Profile 是由工具开发者、建模框架设计者所提出来的。然而，许多建模者都要使用 Profile 机制。其使用方法如同传统的子程序库，少数专家编写它们，而由许多程序员使用它们。Profile 扩展机制为灵活地将 UML 建模应用于各个不同领域提供了可能性，能够方便人们对 UML 进行扩展，以适应不同的应用领域。

在表示方法上，Profile 是一种特殊的包，因此 Profile 和包有相同的记法，将关键词 «profile» 放置在 Profile 名的前面，如图 3-7 所示。

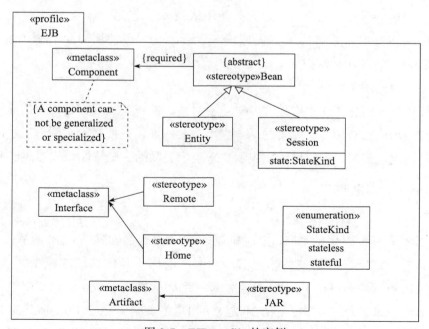

图 3-7   EJB profile 的实例

（2）Profile 的应用

如果想在一个特定的应用中使用构造型，设计人员必须先定义包含构造型的 Profile。使用一个带有空心尖箭头的虚线从应用的包指向 Profile。箭头标签的关键词是《apply》。这样就把 Profile 中定义的构造型导入包的命名空间中。图 3-8 就展示了构造型的应用。名为 UserModel 的包里面包含一个带有 Session 构造型的 Customer 构件。元属性 state 的值在注解中被定义了，出现在构件 Customer 右上角的符号指定了构件在 UML 中的类型。通过这种方式，显式建模了 Profile 里所定义的新类型，以便用户使用扩展机制建模一些无法使用 UML 的基本建模元素所表示的领域概念及信息。

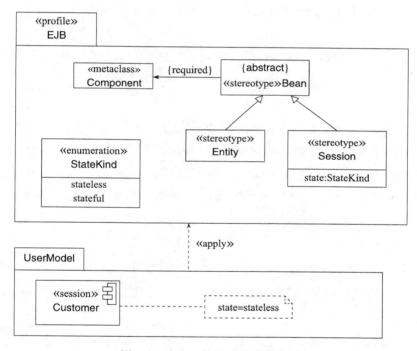

图 3-8　Profile 构造型的应用实例

3.1.4　扩展机制的使用

扩展机制提供了用于定义特定问题领域的 UML 建模元素的手段，但不应被滥用，在使用过程中有许多要注意的地方。如果滥用扩展机制，将会产生大量的"方言"，导致交流无法进行。因此，扩展机制必须有控制地、按照规定地使用。通常，在建模时应尽量使用标准的 UML 建模元素。当必须进行扩展时，首先要选择 UML 推荐的标准扩展，这样才能最大程度地保证建模的 UML 模型被人理解和接受。下面详细介绍一些常用的 UML 类的构造型，以举例说明 UML 扩展机制的使用。

UML 对软件系统的分析和设计是从软件的体系结构出发的。在对软件体系结构的五个视图（用例视图、设计视图、实现视图、交互视图、分布视图）进行分析和设计时，需要对 UML 建模元素进行语义的强化，如类的构造型包括控制类、边界类、实体类。

（1）控制类

控制类（control class）是一种特殊的类，建模一类控制或启动交互的对象，它的行为通常都是针对一个特定的应用场景，它的对象一般只存在于此应用场景的协同中。例如，在窗口操作系统中，对话框内的控制按钮就可以用控制类来建模。其他控制类的建模对象，诸如操作系统命令窗口、设备控制器等也可以使用控制类建模。

控制类的图形表示：在 UML 里，控制类被图形化表示为一个带有箭头的圆圈。如图 3-9 所示。

（2）边界类

边界类（boundary class）代表处于系统边界上，不但与系统内部对象交互，而且与系统外部的作用者进行交互的一类对象。例如，软件系统的通用外部设备、打印机、显示器、键盘及其驱动软件等，都可以使用边界类表示。

边界类的图形表示：边界类被图形化描述为带有 T 形连接的圆圈。如图 3-10 所示。

（3）实体类

实体类（entity class）是一类被动的对象，它本身不会启动交互，可以参加多个用例的交互，并且存在于任何单独的交互之外。通常，软件系统中的文件、数据库等，可以用实体类建模。

实体类图形表示：实体类被图形化描述为与一条短直线在底部相切的圆圈。如图 3-11 所示。

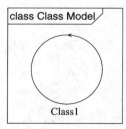

图 3-9　控制类

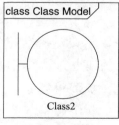

图 3-10　边界类

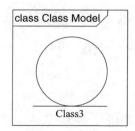

图 3-11　实体类

如图 3-12 所示为三种类的应用。

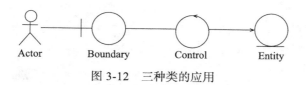

图 3-12　三种类的应用

3.2　常用建模技术

UML 标准建模规范是一种很通用、概要的对建模元素、建模方法的说明，它没有指定详细的建模细节，特别是针对某一特定领域的建模。有时候，需要在基本的 UML 建模元素的基础上进行表示方法、语义的扩展。UML 的扩展机制为语言的灵活扩展提供了便利，如何灵活地运用 UML 的扩展机制是实际建模过程中需要仔细考虑的问题。本节总结了一些常用的建模技术。

3.2.1　建模注释

使用注释的目的是把观察结果、评论或解释以自由的形式记录下来。把这些注释直接放在模型中，模型就成了开发过程中创建的各种制品的公共资料库。甚至可以用注释把需求可视化，显式地表示出需求是怎样与模型的相关部分对应的。

对注释建模时，要遵循如下策略：

- 把注释文本放入注释内，并把该注释放在它所建模、解释的元素附近。可以用依赖关系把注释与对应的元素相连接，从而更明确地表明注释与模型元素的关系。
- 可以根据需要隐藏或显示模型中的元素。这意味着不必到处显示依附到模型元素上的注释，而只有在语境中需要交流这种信息时才显露图中的注释。
- 如果注释冗长或者包含比纯文本更复杂的事物，可考虑把注释放在外部的文档中，并把文档链接或嵌入到依附于模型的相应注释中。
- 随着模型的演化，只需要保留不能从模型本身中导出的重要决策信息的注释，其他的都可以舍弃。

总之，模型中增加注释信息是为了更加方便人们理解、阅读模型，因此注释的使用要注意把握度，不可过多使用注释，导致模型看上去过于复杂。

如图 3-13 所示为一个注释示例，使用者可根据需要选择合适的注释表示方式。

3.2.2　建模新特性

UML 构造块的基本特性（类的属性和操作以及包的内容等）一般足以表达要建模的大多数事物。然而，如果要扩展这些基本构造块的特性，就需要定义构造型和标记值。

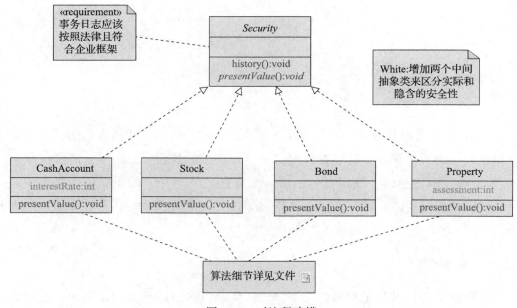

图 3-13   对注释建模

对新特性建模，要遵循以下策略：

- 要确认用基本的 UML 已无法表达要建模的事物。
- 如果确信没有其他方法能够表达这些语义，则定义构造型并且为构造型添加新的语义信息。

此外，根据泛化的应用规则，为一种构造型定义的标记值可应用到它的"子孙"。

例如，假设把建立的模型与项目配置管理系统捆绑在一起。这意味着在要做的其他事情中还要包括追踪版本号和当前的检入／检出状态，甚至还要记录各子系统的创建或修改日期。由于这是软件开发过程所特有的信息，因此不是 UML 的基本建模部分所能提供的，但是可以把这些信息作为标记值表示在模型中。例如，图 3-14 展示了三个子系统，每个子系统都用 «versioned» 构造型做了扩展，可用于详细说明其版本号相关的信息。通过使用构造型，可以方便地建模人们所关注的版本信息。此例子再一次说明，UML 具有较好的可扩展性，建模者可根据需要对 UML 进行扩展，使其更加适合实际开发的需要。

3.2.3　建模新的语义

当用 UML 创建模型时，是在 UML 标准规范所规定的规则下工作的，这意味着软件设计人员能够无歧义地与项目组的人交流想法。然而，如果发现自己需要表达新的语义，而现有的标准 UML 建模元素无法准确、详细地表示出来，或需要修改、扩展 UML 标准中现有的建模规则时，就需要为相应的建模元素增加约束信息，以支持建模新的语义。

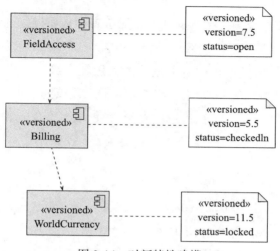

图 3-14 对新特性建模

对新语义建模，要遵循如下策略：

- 要确认用基本的 UML 已无法表达要做的事情。
- 如果确信没有其他方法能够表达这些语义，就把新语义写在一个约束中，放在相应的元素附近。可以用依赖关系把约束和相应的元素连接起来，从而更明确地表明其关系。通过约束建模，能够更加精确地表示 UML 模型元素的具体含义。
- 如果需要把新语义描述得更精确、更形式化，就用对象约束语言（Object Constraint Language，OCL）表达式规约新语义。注意：关于 OCL 的详细描述可参见 OMG 的网站，这里我们不再详细介绍。

例如，每个 Person 可以是零个或多个 Team 的成员，每个 Team 至少有一个 Person 作为成员。每个 Team 必须恰好有一个 Person 作为队长，而每个 Person 可以是零个或多个 Team 的队长。这些语义的描述，可以在图 3-15 中通过增加约束信息进行描述（花括号内部的信息）。

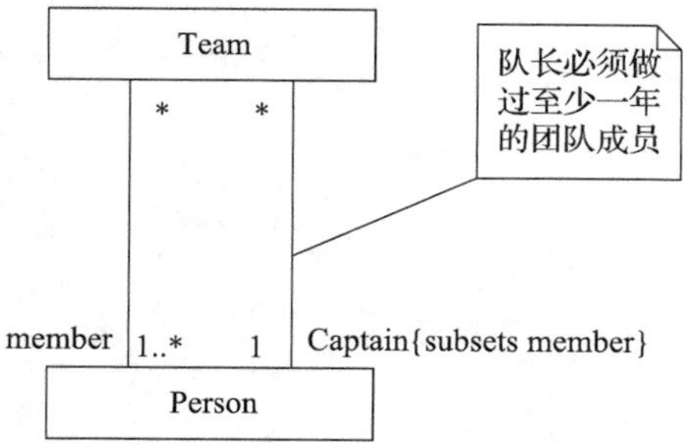

3.3 小结

UML 语言提供了丰富的、可视化的建模

图 3-15 对新语义建模

元素及其表示方法，能够满足常见的、典型的软件项目构建系统模型的需要，通过上一章介绍的 UML 的常用元素以及本章详细讲述的公共机制就可以达到这样的要求。但是，为了满足一些特殊的建模需求，UML 提供了一些扩展机制，支持用户根据建模需要增加自定义的构造型、标记值和约束等模型元素来描述特定的模型特征。当然，使用扩展机制的前提是基本的 UML 无法表达你要描述的语义，而且在使用扩展机制时要避免滥用"扩展"，导致建模元素的混乱，增加建模人员沟通的负担。此外，建议大家在实际建模过程中，尽量选择使用轻量级的扩展，例如构造型，而重量级的扩展如扩展 UML 的元模型，使其支持不同领域的建模，则不建议大家使用，因为其涉及的内容更加复杂，在后续的章节中我们会简单介绍一下，感兴趣的读者也可以参考相关文献。

习题

1. 简述 UML 所提供的各种扩展机制的不同之处，并举例说明其各自使用的场景。
2. 在实际建模过程中，如何灵活使用 UML 的扩展机制？
3. 请查阅相关资料，简单阐述现有的基于 UML 的扩展语言有哪些。
4. UML 提供了哪几种公共机制？分别主要用于什么场景？
5. 如何理解 UML 提供的扩展机制？并举例说明现有的 UML 扩展版本。

第4章 用例模型

　　用例可用于描述系统可能的使用场景，常用于描述系统为用户或子系统提供的功能，但是不涉及功能的具体实现细节，如数据结构、算法等。具体的实现细节可以使用类图、交互图等进行详细描述。用例图在较高的抽象层次上展示系统所提供的功能，常用于建模系统的需求，能够帮助开发团队以一种可视化的方式理解、建模系统的功能需求。

　　本章要点如下：
- 用例模型的基本概念，包括用例、参与者。
- 构建用例图用于描述需求的基本方法、步骤。
- 用例的案例分析。

4.1 基本概念

4.1.1 用例图

　　用例图（Use Case Diagram）以参与者和用例作为基本建模元素，从不同的视角展现系统的功能性需求。它对系统参与者的行为进行功能划分，这些功能被称为**用例**（use case），而参与系统的角色则被称为**参与者**（actor）或活动者。此外，用例图还包括了系统和通信关联，系统边界用一个方框表示，通信关联用来连接参与者和用例。如图 4-1 所示是一个出售电话本的用例图，明确建模了系统的主要功能，包括：检查状态（check status）、下订单（place order）、填写订单（fill orders）、开设信用卡（establish credit）。此用例模型展示了该系统的主要功能需求及模块划分，能够帮助人们理解该系统对不同的用户所提供的功能。

4.1.2 用例

　　用例描述希望系统对外所提供的功能或服务，包含当使用系统时执行的功能。它定义了清晰的行为模块（系统功能）而不解释系统的内部结构、具体实现，常用于建模系统的需求。在图形上，用椭圆表示用例。如图 4-2 所示。

　　每个用例都有一个区别于其他用例的名称，用以表示系统为参与者提供的服务、实现的功能等。通常用例的命名是表示某一功能的动词词组。如图 4-3 所示是一些用例的表示。

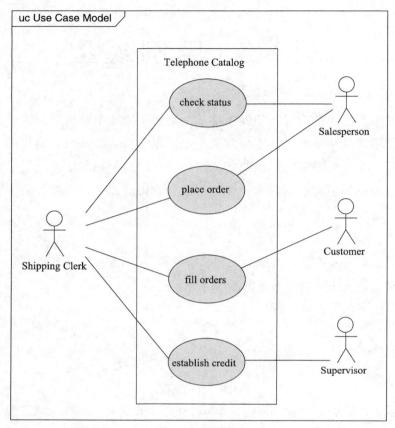

图 4-1　用例图

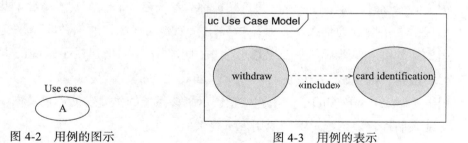

Use case

A

图 4-2　用例的图示

图 4-3　用例的表示

4.1.3　参与者

　　参与者（Actor）是与系统、子系统（即系统的部分功能）进行交互的外部角色。它不仅仅指的是外部交互人员，也可以指与系统有关系的硬件设备、子系统等。在用例图中，同一参与者往往参与多个不同用例，同一用例也可对应多个参与者。在图形上，参与者用人形图符号或是一个自由的可定义的符号表示。如图 4-4 所示。

　　可选的图符如图 4-5 所示，图中的三个表示法是完全等效的。从图中我们可以看出，参与者可以是人，也可以非人（比如电子邮箱服务器）。

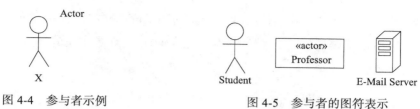

图 4-4　参与者示例　　　　　图 4-5　参与者的图符表示

参与者通过把系统看作一个活跃的人来与系统进行交互，即参与者启动用例的执行。或者说，进行交互的参与者被系统支配，即参与者是一个用来提供启动用例功能的角色。在实际建模过程中，通常采用基于角色的建模方法，根据系统中所涉及的角色，针对每个角色分析系统提供的功能或者服务，并将这些功能或者服务以用例的形式表示，如图 4-6 所示。在后续的章节中，我们将结合具体的案例分析，展现基于角色建模版用例模型。

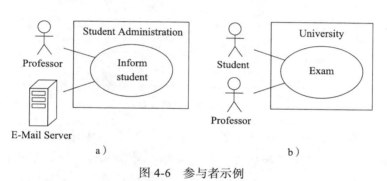

图 4-6　参与者示例

在图 4-6a 中，教授是主动的参与者，而服务器是被动的参与者。但是他们都需要执行用例来通知学生。进一步说，用例图可以同时包含主要参与者和次要参与者。主要参与者能从用例的执行中受益（在我们的例子中教授就是主要参与者），而次要参与者（电子邮箱服务器）不是直接的受益者。在图 4-6b 中，我们可以发现，次要参与者并不一定是被动的。教授和学生都主动地参与"考试"这个用例的执行，并且主要受益人是学生。相反，教授在考试中受益更低，但是对于用例的执行非常有必要。

一个参与者处在系统之外，也就是说一个用户不是系统的一部分，而是系统的使用者，但是关于用户的数据属于系统并且能够被展示出来。在图 4-6a 中电子邮件服务器是一个参与者——它不是系统的一部分，但是对于通知学生这个用例的启动很关键。如果学生管理系统本身实现了邮件功能或者有自己的内部服务器，那就不需要外部的服务器来执行用例了。这样的话，电子邮件服务器就不再是一个参与者。

如图 4-7 所示是一个网上图书馆管理系统，它为用户提供的功能主要包括：借书

（borrow book）、还书（return book）、查询书（find book）。其中，对于借阅者而言，他能够使用该系统提供的这三个基本功能，而对于图书管理员而言，他可以使用借书、还书功能。

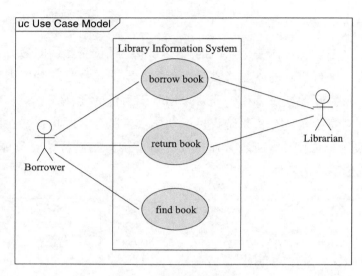

图 4-7　图书馆的用例图

我们注意到图 4-7 存在一个方框，其中包含了几个用例，这个方框即称为系统的逻辑边界。参与者处于系统边界之外，而待开发的系统处于边界之内。这种逻辑边界的划分有助于建模者明确目前待开发的系统是什么，哪些属于系统内部，哪些属于系统外部。

在我们构建一个系统时，要怎么样才能确定系统的参与者呢？对此，我们可以通过分析以下问题寻找参与者：

- 系统中涉及的主要角色有哪些？
- 谁负责提供、使用或者删除信息？
- 谁将使用此功能？或者哪个子系统将使用该功能？
- 谁对某个特定功能感兴趣？
- 在组织中的什么地方使用系统？
- 谁负责支持和维护系统？
- 系统有哪些外部资源？
- 还有其他哪些系统将需要与该系统进行交互？

通过回答上述问题列表，我们可以根据系统的需求描述给出可能的参与者列表，作为候选的参与者。在接下来的建模过程中，我们再根据系统的需求描述，从候选列表中选取合适的参与者。

4.1.4　关联关系

用例与参与者之间使用关联关系连接，表示参与者与系统之间的通信，或表示参与者使用系统的特定功能。如图 4-8 所示，一个参与者与用例 A 有关联，表示参与者 X 可以使用系统提供的功能 A。

每个参与者至少与一个用例进行通信，类似地，每一个用例至少需要与一位参与者有关联，否则，系统将存在一个没有被任何参与者使用的用例。

关联关系通常意味着是双向关系，通常用于一个参与者与一个用例之间。关联端可以定义多重性，例如，当参与者端的多重性大于 1 时，意味着有多个参与者的实例将参与到用例的执行中。如果在关联端没有定义多重性的话，则默认其值是 1。在用例端的多重性通常是没有限制的，因此，很少显式地进行定义。在图 4-9 中，一到三个学生和一个助教将参与进行考试的用例的执行。

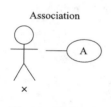

图 4-8　关联实例

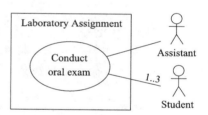

图 4-9　关联关系中的多重性

1. 参与者之间的关系

参与者通常具有公共的属性，有些用例可以被不同的参与者使用。例如，教授与助教都可以查看学生的数据。因此，可以使用参与者之间的继承关系（即泛化）表示，继承关系是一种"is a"关系，使用从子参与者到父参与者的空心三角形表示。如图 4-10 所示。

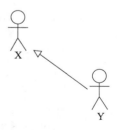

图 4-10　参与者之间的泛化关系

从图 4-10 中可以看出，参与者 Y 继承了参与者 X，因此 Y 可以关联所有 X 关联的用例，即参与者 X 可以使用的系统功能，参与者 Y 也可以使用。

在如图 4-11 所示的例子中，参与者教授和助教都继承了研究员的角色，这就表示每个助教和每个教授都是研究员。每个研究员都可以执行查询学生数据的用例，只有教授能够创建一个新的课程（Create course）。然而，任务只能由助教发布（Publish task）。为了执行颁发证书（Issue certificate）的用例，教授参与者是必需的，助教的多重性是"0..1"，意味着对于此用例的执行助教是可选的。

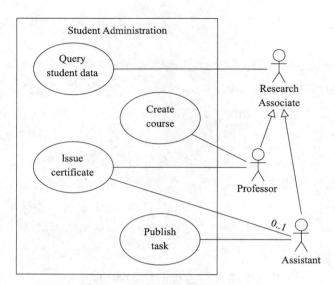

图 4-11   学生管理系统的用例图

对于没有参与者的实例，参与者的标签可以设置为关键字 {abstract}，或者抽象参与者的名字可以用斜体表示。抽象参与者只有在继承关系的环境中使用才有意义，表示子参与者的公共属性被抽象成父参与者。

2. 用例之间的关系

用例之间也存在着不同的关系，可用于更好地组织用例的结构，方便设计者理解系统的功能划分和组织结构。如图 4-12 所示。这里我们来区分用例之间的 «include» 关系、«extend» 关系和泛化关系。

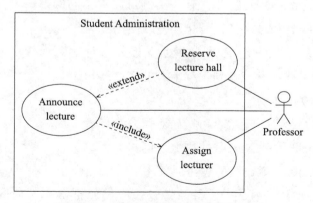

图 4-12   学生管理系统的用例图示意

（1）用例之间的包含关系——«include»

如果用例 A 包含用例 B，用一条带尖箭头的虚线从 A 指向 B，箭头标签为关键词 «include»，那么 B 的行为被包含于（集成于）A 的行为。如图 4-13 所示。

A 是基用例，B 就是被包含用例。基用例能够要求被包含用例提供它的功能。同时，被包含用例能够单独、自行运行。«include» 的使用类似于编程语言程序运行时的调用子程序。在图 4-12 中，用例 Announce lecture 和 Assign lecturer 是 «include» 关系，Announce lecture 是基用例。因此，每当一个新的讲座被宣布时，用例 Assign lecturer（分配讲师）必须被执行。参与者教授与两个用例的执行都有关联。讲师能够被分配到一个已经存在的讲座，因为被包含用例能够单独地执行。一个基用例可以包含多个其他用例，一个用例可以是多个用例的被包含用例。在这种情况下，要确保没有循环出现。

需要注意的是，通常被包含的用例是公共用例，它可能在多个用例中都需要被使用。

（2）用例之间的扩展关系——«extend»

如果用例 B 和用例 A 是 «extend» 关系，则称为"B 扩展 A"或"A 被 B 扩展"。这意味着，A 可以使用 B 的行为，但不是必须使用。用例 B 可以被 A 激活，这样就可以把 B 的行为插入 A 的事件序列中。如图 4-14 所示。

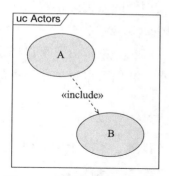

图 4-13　用例之间的包含关系

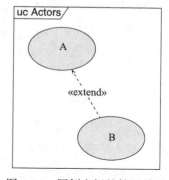

图 4-14　用例之间的扩展关系

A 被定义为基用例，B 是扩展用例。两个用例可以各自独立执行。我们看图 4-12 的例子，用例 Announce lecture 和用例 Reserve lecture hall 是 «extend» 关系。当宣布举办讲座时可能会预定教室，但不是必需的。一个用例可以多次作为一个扩展用例，或者它本身可以被多个用例扩展。同样，不能出现环路。

注意：表示 «extend» 关系时，箭头从扩展用例指出，指向基用例；表示 «include» 关系时，箭头从基用例指出，指向被包含用例。

当一个基用例要插入被每一个 «extend» 关系指定的扩展用例的行为时，必须要满足一个条件。这个条件是被指定的，被包含在花括号中，与对应的 «extend» 关系相联系。条件由关键词 Condition 后面跟着冒号表示。在如图 4-15 所示的例子中，在用例 Announce lecture 的上下文中，一个教室只有在它是空的时候才能够预定。而且，只有当需要的数据被输入的时候，才能创建一次考试。

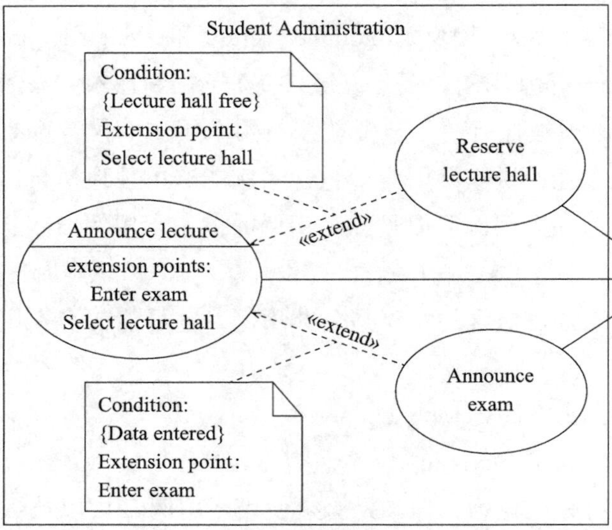

图 4-15　用例之间的扩展关系示例

　　通过使用扩展点，你可以明确，在哪个点扩展用例的行为必须被插入基用例当中。就像如图 4-15 所示的例子里用例 Announce lecture 描述的那样，扩展点可被直接写进用例模板中。在用例符号中，扩展点有自己独立的部分，可以通过关键字 extension points 识别。如果一个用例有多个扩展点，它们可以通过注解中的类似于条件的规范被分配到对应的 «extend» 关系中。

　　（3）用例之间的泛化关系——«Generalization»

　　就像参与者一样，用例之间也存在泛化关系。因此，不同用例的公共属性和行为可以被抽象到一个父用例中。如图 4-16 所示。

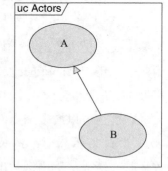

　　如果用例 A 泛化了用例 B，B 继承了 A 的行为，B可以对这些行为进行扩展或者重写。同时，B 也继承了 A 的所有的关系。B 继承了 A 的基本功能，它自己可以决定执行或者改变这些功能的哪个部分。如果一个用例被标签为 {abstract}，则它不能被直接执行。只有从抽象用例继承的、特定的用例才是可执行的。用例之间的泛化关系可以建模用例的层次，实现用例的重用，能够非常直观地展现用例之间的继承关系。

图 4-16　用例之间的泛化关系

　　在如图 4-17 所示例子中，抽象用例 Announce event 把自己的属性和行为传递给用例 Announce lecture 和 Announce talk，由于 «include» 关系，这两个用例都必须执行用例 Assign lecturer 的行为。当设置课程的时候，必定要宣布考试相关事宜。两个用例都继承了用例 Announce event 与参与者 Professor 之间的关系。因此，所有的用例都至少连接一个参与者。泛化关系让我们可以抽象两个用例 Announce lecture 和 Announce talk 共同的属性，这就意味着我们不需要重复两次建立 «include» 关系以及和教授之间的关联关系。

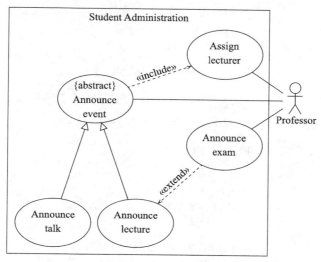

图 4-17　用例之间的泛化关系示例

4.1.5　用例描述

为了保证复杂的用例图依然是清晰明确的，选择简洁的名字来为用例图命名是很重要的。当用例的意图或解释不清晰的时候，你必须使用用例模板来描述你的用例。简洁清晰的用例模板能够准确、详细地描述用例所实现的功能、正确执行所需要的前置条件及用例完成后所需要满足的后置条件等，这对于准确地建模需求是非常重要的，否则其他用户可能无法理解你的用例模型。一个公认的指导方针为，每个用例的用例描述的长度大概是 1～2 页纸。阿利斯特·科伯恩（Alistair Cockburn）对于用例描述，提出了一种结构化方法，可以使用用例描述模板来详细描述用例模型，如图 4-18 所示。

根据用例模板，我们给出了"预定场地"用例的详细描述，如图 4-19 所示的例子详细描述了学生管理系统中预定教室的用例。用例描述很精简，但足够满足我们的要求。标准流程和可替换过程可以进一步细化，或者其他错误情形和其他可替换过程也可以被考虑进去。比如，可能要预定一个已经有考试安排的教室，如果这个事件是一场考试，这将很有意义。因为这场考试可以和另一场考试一起在教室里进行，这就意味着需要更少的考试监督员。在真实的项目中，细节常常源于顾客的需求和想法。

```
· 用例名
· 简短的描述
· 与用例交互的参与者
· 触发条件:启动用例的事件
· 前置条件:用例成功执行的先决条件
· 标准流程:采取的步骤
· 可替换过程:当异常事件发生时，系统的执行流程
· 后置条件:用例成功执行后的系统状态或系统需要满足的条件
· 错误出现时系统的状态
· 出错情况:与问题域相关的错误
```

图 4-18   用例模板

```
用例名称:预定场地
用例描述：在大学中，用户常常需要为举办活动预定特定的场地
参与者：用户
触发条件：用户需要使用特定场地
前置条件：某用户被授予预定场地的权限且该用户已经登入系统
标准流程：1）用户选择场地
         2）用户选择日期
         3）系统验证该场地在所选时间是否可用
         4）用户核对预定信息
可替换过程：
         步骤3）所选场地在所选时间不可用
         步骤4）系统建议一个可用场地
         步骤5）用户选择一个替换的场地并且核对预定信息
后置条件：用户成功预定场地
出错时的系统状态：用户没有预定场地
出错情况：当前没有空闲可用的场地
```

图 4-19   预定场地的用例描述

总之，用例之间可以使用多种关系表示它们之间的联系，对于复杂的系统，通过使用用例之间的各种关系表示，能够清晰地组织用例的结构，便于设计者理解用例图。

4.2   建模技术

4.2.1   构建用例模型的方法

用例模型常用于建模系统的需求，是整个软件开发过程的起始阶段。用例建模阶段构建的用例模型是整个系统模型的设计基础，对于整个系统模型的构建具有重要的意义。然而，在实际建模过程中如何构建合适的用例模型，实现"用例驱动、以架构为中心、迭代增量开发"的软件开发方法，一直困扰着软件开发团队。这里，我们将重点介绍用例模型的构建方法。在分析过程中，我们需要首先思考的问题是：

- 被描述、建模的是什么？（系统）
- 谁与系统进行交互？（参与者）
- 参与者可以做什么或者系统为参与者提供什么服务？（用例）

然后，遵循下面几个步骤逐步构建初步的用例模型，接着再对初步的用例模型进行精化，为后续的设计模型构建提供参考信息。

用例模型的构建步骤包括：

（1）划分系统的逻辑边界

划分系统的逻辑边界，能够明确待开发的目标系统的功能范围，并明确系统的外部交互环境，属于系统功能逻辑上的划分。

（2）确定系统的主要参与者、次要参与者

参与者是系统的主要交互对象，它可能是某个具体的用户，也可能是某个子系统。开发团队在设计过程中需要分析系统的需求描述文档，提取系统的主要参与者和次要参与者。在实际建模过程中，可以根据需求分析，提取出一个候选参与者的列表，然后根据进一步的功能划分，从这些候选参与者中挑选出系统的主要参与者、次要参与者。

（3）确定系统的主要用例

用例的划分是最关键的一步。其本质上是根据需求，对系统的功能进行划分。根据功能模块的划分，明确系统的用例，一个功能独立的模块可作为一个独立的用例存在。在实际建模过程中，可以根据需求分析提取出一个候选的用例列表，并根据功能的重要性对用例进行排序，这对于功能需求的重要性分析是很有帮助的。此外，在设计过程中，如何把握用例的粒度是一个比较难的问题。用例的粒度是指用例模块大小的划分，粒度大些还是小些好，需要根据实际情况合理把握。通常，用例的粒度与所构建的系统模型的抽象层次有关系，在分析建模的早期，模型的抽象层次较高，用例的粒度大些，但是随着设计的深入，模型的抽象层次降低，需要对高层的用例模型进行精化，因此需要降低用例的粒度。需要注意的是为了便于开发人员理解，在一张用例图模型中用例的个数一般控制在 5～7 个，如果有太多用例的话，可考虑将用例模型进行分层抽象，并合理地建模用例之间的关系，从而实现对用例的合理组织。

（4）建立关系

建立参与者与用例之间的关系、参与者之间的关系及用例之间的关系。

当明确了上面 3 个步骤后，需要认真考虑如何建立用例、参与者之间的关系。可以使用本章介绍的各种关系，如泛化、包含、扩展等，对用例模型进行有效的组织，从而帮助开发团队更容易地使用、理解所构建的用例模型。

（5）基于用例描述模板，给出详细的用例描述信息

用例模型图以可视化的方式明确表示了系统的需求，具有直观、易于理解的特点。但是，只有图形化的表示则在语义上不够明确，不同的使用者对于用例的模型

理解可能有出入。因此，为了更加详细地描述用例所建模的场景，通常，我们会基于用例描述模板，针对每个用例，描述其详细细节信息。例如，为了实现用例所建模的场景，所涉及的事件流，用例的前置、后置条件等。这些信息对于后面的模型详细设计阶段具有重要参考价值，如基于用例的测试自动生成技术。

在本书的案例分析部分，我们将详细展现如何根据本章介绍的用例建模方法，对实际的系统进行用例建模，以详细描述系统的需求。

4.2.2 建模系统的语境

给定一个系统，会有一些事物存在于它的内部，一些事物存在于它的外部。例如，在一个信用卡验证系统中，账户、事务处理和欺诈行为检测代理均存在于系统内部，而像信用卡顾客和零售机构这样的事物则存在于系统的外部。存在于系统内部的事物的职责是完成系统外部事物所期望系统提供的功能、行为。所有存在于系统外部并与系统进行交互的事物构成了该系统的语境，语境详细描述了系统存在的环境。

用 UML 的用例图建模系统的语境，所强调的是与系统有交互的参与者。决定什么作为参与者是重要的，参与者表明了与系统进行交互的一类事物。决定什么不作为参与者也同样重要，甚至更为重要，因为它限定了系统运行的上下文环境，使之只包含那些在系统的生命周期中所必需的参与者。

当你对系统的语境进行建模时，需要遵循如下策略：

1）明确系统的语境是很重要的。需要明确哪些行为是系统的一部分以及哪些行为是由外部实体所执行的。

2）用以下几组事物来识别系统周围的参与者：需要从系统中得到帮助以完成其任务的组；执行系统的功能时所需要的组；与外部硬件或其他软件系统进行交互的组；为了管理和维护而执行某些辅助功能的组。

3）使用泛化或继承关系，将参与者组织成"一般 – 特殊"的层次结构。

4）针对具体的应用场景，可以为每个参与者提供一个构造型。

将这些参与者作为候选参与者，并说明参与者与系统用例之间的关系。然后对这些候选参与者进行筛选，明确主要参与者和次要参与者。通常，在需求建模时，设计者会根据主要参与者、次要参与者，对需求规约中定义的功能模块进行重要性排序。

例如，图 4-20 显示了一个信用卡验证系统的语境，它建模了系统的参与者。其中有顾客（Customer），分为两类：个人顾客（Individual Customer）和团体顾客（Corporate Customer）。在这个语境中，还有表示其他机构的参与者，如零售机构（Retail Institution），顾客通过在该机构刷卡，购买商品或服务；财务机构（Sponsoring Financial Institution），负责信用卡账户的结算业务。在现实世界中，后两个参与者本身就可能是一个软件密集型系统。此案例明确说明了如何建模系统的上下文，并再次说明系统的参与者可以是某个子系统。

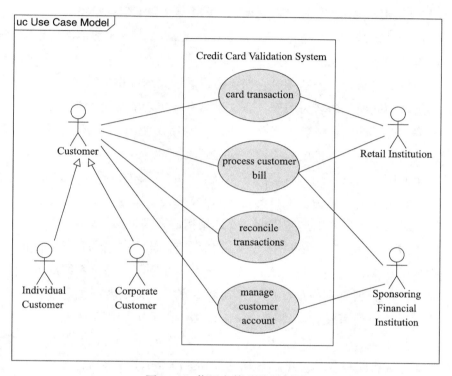

图 4-20　信用卡管理的用例图

同样的技术也可应用于对子系统的语境建模。处于某一抽象层次上的系统常常是处于更高抽象层次上的一个更大的系统的子系统。因此，在建造由若干相互关联的系统构成的大系统时，对子系统的语境建模是非常有用的。例如某所大学的一卡通系统，包含的子系统有网上图书馆系统、教务管理系统、选课系统、公文流转系统等。

4.2.3　建模系统的需求

需求分析是软件开发过程中的初始阶段，也是非常重要的阶段。如果需求分析不明确，接下来的设计、开发工程将会一片混乱。建模、规约系统的需求，相当于陈述建立在系统外部的事物与系统之间的一份规约说明，该规约说明详细描述了用户希望系统做什么事，能够为用户提供什么功能。在大多数情况下，用户并不关心系统怎么做，只关心它做什么。

在实际工程应用中，可以采用各种形式表达系统的需求，从非结构化的文字到形式化规约语言描述的需求规格说明文档，以及介于二者之间的其他任意形式皆可。大多数系统的功能需求都可以表示成用例，UML 的用例图对于表示、管理这些需求非常有效，也便于设计人员理解需求。

使用 UML 用例图对系统的需求建模，可以遵循如下建模策略：

- 通过识别系统周围的参与者来建立系统的语境，明确系统需要给哪些用户提供服务。
- 对于每个参与者，分别考虑它期望的或需要系统提供的服务、功能。
- 将这些功能模块命名为用例，通常是具有一定功能集合的模块。
- 分解功能模块，放入新的用例中以供其他用例使用；分解异常行为处理模块，放入新的用例中以扩展较为主要的控制流。
- 在用例图中对这些用例、参与者以及它们的关系进行建模，并灵活使用继承、依赖等关系描述用例、参与者之间的关系。
- 用注解或约束来修饰这些用例，描述用例需要满足的约束。

如图 4-21 所示是对图 4-20 的扩充。尽管没有画出参与者与用例之间的关系，但加入了额外的用例，这些用例对于一般的顾客不可见，但仍是系统的基本行为。这张图是有价值的，因为它为最终用户、领域专家以及开发者提供了一个一致的、最初的交流场所，以便可视化、详述、构造和文档化关于系统的功能需求的决策。例如，检测信用卡欺诈（detect card fraud）对于零售机构和财务机构都是很重要的功能。类似地，报告账户的状态（report on account status）是系统语境中不同机构所需要的另一个功能。由用例 manage network outage 所建模的需求与所有其他用例有一点不同，因为它表示为保证系统的可靠性和不间断操作所需的辅助行为。

一旦确定了用例的结构，就必须详细描述每个用例的行为。通常需要为每个用例绘制一个或多个顺序图描述用例场景的动作序列，或者使用 UML 活动图描述某个用例场景的业务流程等。此外，为了说明对各种错误和异常情况的处理，有时候也需要绘制一个顺序图；对错误的处理是用例的一部分，需要与正常行为一起考虑。

总之，使用用例图建模系统的需求，是一种使用 UML 建模需求的有效途径，能够在需求分析早期帮助人们规约、建模需求，以便于需求的理解、沟通。一旦需求模型确定后，我们可以针对各个用例构建描述其场景的顺序图、活动图等（详细讲解参见第 7、8 章）。这一方法同样可以应用于对子系统的需求建模。

用例的建模元素小结如下。

表 4-1 是用例的建模元素的图符表示。

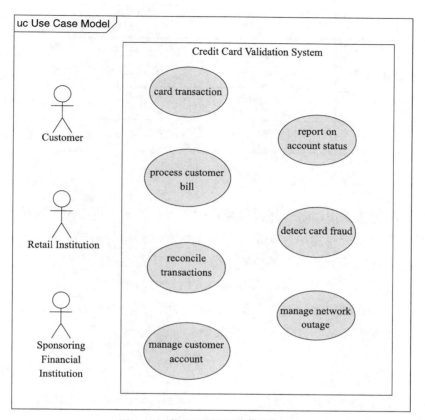

图 4-21 信用卡管理用例图的扩充

表 4-1 用例图的建模符号

名称	图符	描述
系统（System）	System A / X	系统与用户之间的边界
用例（Use case）	A	系统的功能单元
参与者（Actor）	X	系统用户的角色

表 4-2 是用例图中可能会出现的关系表示形式。

表 4-2 用例图中的关系

名称	图符	描述
关联（Association）	A — X	参与者与用例之间的关系

（续）

名称	图符	描述
泛化（Generalization）	A ◁———— B	用例之间的泛化关系
扩展（Extend）	A ◁--«extend»-- B	B 扩展 A：用例 A 有选择性地使用用例 B
包含（Include）	A --«include»--▷ B	A 包含 B：用例 A 需要使用用例 B

4.3 小结

　　用例图中描述了用例、参与者以及它们之间的关系，构建用例模型是由软件需求到最终实现的第一步。用例模型常用于建模系统的功能需求，是"用例驱动、以架构为中心、迭代增量开发"的核心，分析、设计阶段的模型构建都将围绕着需求分析阶段构建的用例模型展开。用例模型从用户的角度出发，表达了用户对于系统的功能要求，并将其传递给开发人员。因此，用例模型在软件开发过程中是至关重要的，它的准确度直接影响用户对产品的满意程度。

习题

1. 请解释用例模型的主要用途，并结合例子说明用例模型是如何描述系统的需求的。
2. 用例模型主要包含哪里建模元素，分别代表的含义是什么？
3. 用户或者参与者与用例之间的关系是什么？用例之间可能的关系有哪几种？
4. 如何构建用例模型？通常的方法包括哪些步骤？
5. 什么是用例模板？如何使用用例模板来详细地描述用例？

第5章 类 模 型

类图（Class Diagram）是使用最广泛的 UML 模型之一，被广泛用于软件开发的不同阶段。在不同的开发阶段，类图的抽象程度不同，可通过逐步精化建模，逐步构建系统的详细设计类图。在项目开发的早期，类图用于创建一个系统的概念模型，定义系统所要使用的词汇及这些词汇之间的关系。随着开发过程的推进，可以对类图进行逐层精化，直到系统实现阶段的编程代码。在面向对象编程范型中，类图可视化地展示了实现软件系统的类及这些类之间的关系，常用于建模系统的静态结构。由于类图具有简洁、通用的特性，所以很适合用于快速构建系统的概念模型。此外，也可以通过使用正向工程将 UML 类图自动转换生成程序代码框架。在实际应用中，类图多用于对软件系统进行文档化，建模系统的静态结构。

本章要点如下：

- 类图的基本概念及含义。
- 类的表示方式及类之间的关系种类。
- 构建类图的基本方法。

类图是描述类、协作（类或对象间的协作）、接口及其关系的图，用于详细展现系统中各个类的静态结构关系。类图不仅建模了从系统中抽象出来的事物，还可用各种关系来描述类之间的联系。我们通常使用类图建模系统的概念及它们之间的关系，因此，也称类图为静态结构模型。图 5-1 是一个典型的类图，描述了某产品销售系统所涉及的概念类，包括产品、产品列表、订单、销售人员、顾客、经理等。这些类及类之间的关系构成了类模型，建模了该产品销售系统。那么，这些概念类及它们之间的关系是如何构建出来的呢？每个类包含的信息有哪些，这些信息是如何捕获的呢？在本章中，我们将详细讨论类图的基本概念及建模方法。

5.1 基本概念

5.1.1 类

类（class）用于抽象建模一组具有相同属性、操作、关系和语义的对象。在图形上，用一个具有三个区域的矩形框表示类，如图 5-2 所示。第一个区域包含类的名称，每个类都必须有一个区别于其他类的名称，类名通常以大写字母开始，设置为粗体且居中放置。根据常用的命名规则，类名通常使用应用程序域的典型词汇来描述，以名词居多，而且类名通常采用名词的单数形式。矩形框的第二个区域包含类的属性，这些属性用于建模类的特征；第三个区域包含类的操作。这两部分内容左对齐放置，并且是可选的。

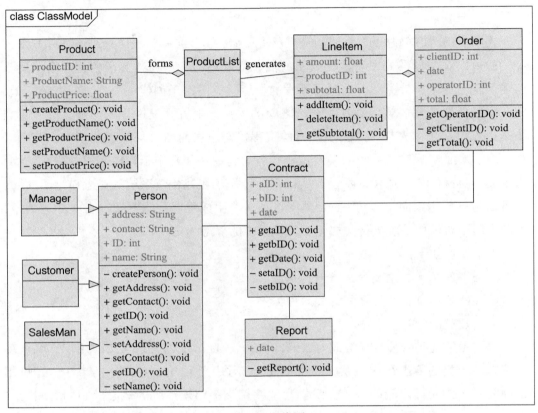

图 5-1　类图

图 5-2 为一个简单的类的图符表示，它由类名、属性和操作组成。该类的类名为 Customer，具有编号（ID）和姓名（Name）两个属性，这两个属性都是字符串（string）类型。该类具有两个操作，分别为存款（deposit）和取款（withDraw），这两个操作的返回值为空（void）。

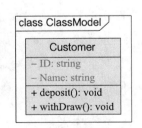

图 5-2　类的表示

类有多种形式的图符表示，如图 5-3 所示。图 5-3a 不包含任何 User 类的细节，图 5-3b 显示了关于 User 类属性特征的详细细节，可以看出 User 有四个属性和四个操作。图 5-3c 展示了更多的细节，包括与实现或自动代码生成相关的信息。这 3 种不同的表示形式可根据建模的需要自由选择，当建模者不关心类的细节信息时，可以选择图 5-3a 的表示形式，明确表示概念类即可。如果在详细设计阶段，建模者关心类的属性、操作等信息，可以选择更加详细的表示形式（图

5-3b 或图 5-3c）。这三种表示形式体现了类的不同抽象层次。

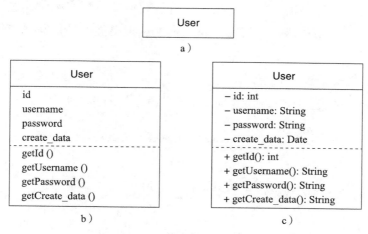

图 5-3 类的图形表示

1. 类名

类名是一个文字串，是一个类区别于其他类的唯一标识，每个类都必须有一个区别于其他类的名称。类的名称分为简单名和路径名，其中路径名是以该类所在的包的名称作为前缀的限制名，可以明确地指明该类所在的包的路径信息。UML 没有为类强加任何命名规定，但是，在实际建模过程中存在一些普遍遵循的约定。

- 类名通常采用 ClassName 格式——它是以大写字母开头，混合大小写，其中每个单词以大写开始。此外，避免使用一些特殊符号，如标点符号、虚线、下划线、&、/ 以及一些杂乱符号。因为这些特殊符号常被用于 HTML、XML 中，当从该模型产生代码或者生成 HTML/XML 文档时，类或其他建模元素名称中包含它们可能导致不可预料的后果。
- 类名应该避免缩写。在为类命名时，尽量避免使用缩写的名称。例如，Credit-Account 总是优于 CreAccnt。这是因为缩写使模型和代码难于阅读，不易于理解。而且，当缩写模型需要维护时，阅读花费的时间远远大于在输入时节省的时间。因此，尽量避免缩写。
- 类名通常采用名词。类是对现实的抽象，通常表示某个抽象的概念或者概念实体。因此，在建模过程中通常是从需求描述中分析、抽取出名词，作为候选的类。

2. 属性

属性（attribute）是类的特性，用于描述该类区别于其他类的本质特征，即类的属性明确标识了类区别于其他类的特性。类可以有任意数目的属性，也可以没有属性。属性描述了类的一些特性，这些特性为类的所有对象、实例所共有。例如，每一个顾客都有姓名、年龄、性别、地址等特性。但是，在实际建模过程中，类的属性的定义、选取需要从建模的实际需要出发，建模出类的操作需要使用的基本特性即可。

可能的属性类型包括原始数据类型，如整型、字符串及复杂数据类型（日期、枚举型、用户定义的类型）等。具体的属性定义语法如图 5-4 所示。

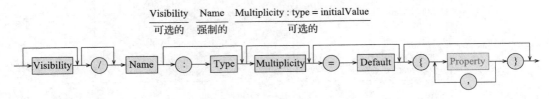

图 5-4   属性的语法定义

其中，类名是必须有的，而类的可见性（Visibility）、多重性（Multiplicity）等是可选的。为了设置一个属性的默认值，可以指定它为 Default。Default 值可以是一个用户定义的值或表达式。当属性的值没有被用户明确地指定时，系统就会使用默认值。例如，在某个图书馆系统中，每个人都必须有登录密码。当某人第一次登录系统的时候，默认密码是 123456，这个密码在被修改前都是有效的。Default 值能够帮助系统实现参数变量的初始化，与编程语言所支持的 Default 值的含义类似。

3. 操作

操作（operation）是一个服务的实现，可用于改变对象的属性值，或仅仅是查询对象的信息而不改变值本身。操作由这个类的所有对象共享。类可以有任意数目的操作，也可以没有操作。例如，类 Customer 有操作 withDraw() 用于实现取钱操作，deposit() 用于实现存钱操作。在实践中，操作名使用描述它所在类的一些行为的短动词或者动词短语表示。通常需要将操作名中除第一个词之外的每个词的首字母大写。可以通过声明操作的特征标记来详述操作，特征标记包含所有参数的名称、类型和默认值。如果是函数，还要包括返回类型。操作的语法定义如图 5-5 所示。

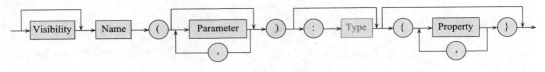

图 5-5   操作的语法定义

- Visibility：操作的可见性
- Name：操作的名称
- Parameter：操作的参数
- Type：参数的类型，也可以是操作的返回值
- Property 可能的取值如下：
    ① {readOnly}：只读，参数的值不可以改变。
    ② {unique}：唯一取值，不允许有重复。
    ③ {non-unique}：允许取值重复。
    ④ {ordered}：取值具有固定的顺序。
    ⑤ {unordered}：取值没有顺序。

当某个操作被调用时，该操作的行为将在系统中执行完成。在编程语言中，操作对应于方法的声明或者函数声明，只对其进行定义，而无具体的实现细节。UML提供了特定的行为模型图用于描述操作的具体实现，如活动图，这将在后续的章节中详细介绍。

在类图定义中，操作名后面可带有一个参数表。参数表本身可以为空，参数的表示形式与属性类似，参数名是唯一不可或缺的，而参数的类型、多重性、默认值和其他约束信息等是可选的。建模者可以根据需要设置操作的相关定义。

4. 多重性

一个属性的多重性用来显示属性可以包含多少值。这允许你定义数组，就像在编程语言中一样。可以使用由方括号包围起来的封闭区间表示多重性：[minimum,⋯,maximum]，其中 minimum 和 maximum 分别是区间的下限和上限。minimum 的值必须小于或等于 maximum 的值。如果区间没有上限，用"*"表示，例如，Person 类中有一个属性为"address: String [1 ... *]"，这表示一个人可能有一个或多个地址。当 maximum 和 minimum 相同时，就不用指定这两个点。例如，[5] 表示一个属性生成五个值。表达式"[*]"和"[0 ... *]"是等价的。如果没有把一个属性指定为多重性，就表示它是一个单值的属性，默认值是 1。

5. 可见性

属性和操作的可见性（visibility）指定了其能否为其他类元所使用、访问。在UML 中，可以指定 4 种类型的可见性，见表 5-1。

表 5-1 可见性的 4 种类型

修饰	可见性名称	语　义
+	Public（公共的）	任何能够访问该类的元素都能够访问其具有公共可见性的特征

（续）

修饰	可见性名称	语　义
–	Private（私有的）	只有该类的操作才能访问该类的私有可见性特征
#	Protected（受保护的）	只有该类及其子类的操作才能访问该类受保护的特征
~	Package（包可见的）	与该类处在相同包或者是嵌套包中的元素才能够访问具有包可见性的特征

信息隐藏是信息处理技术中的一个重要概念，可见性用来实现信息隐藏。通过设置操作、属性的可见性，可以实现类的信息隐藏。把一个对象的属性标记成私有的，可以防止非法访问、使用。有些类图只保留了外部可见的属性和操作，而被标记成私有的属性和操作通常省略。属性和操作是否定义成私有的，取决于创建类的意图。

图 5-6 描述了一个详细的 Person 类，其中，属性 firstName、lastName 是公有的，dob 是私有的属性，address 属性是受保护的，getNumber()、getDob() 是公有的操作。

需要注意的是，UML 的可见性语义也常见于大多数编程语言，如 C++、Java、Ada 和 Eiffel 等。但是，需要注意这些语言在可见性的语义上的细微差别。

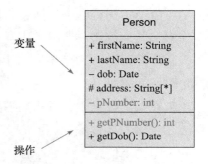

图 5-6　Person 的详细类图

5.1.2　关系

在实际系统中很少有类是独立存在的，大多数类以某种联系方式彼此协作共同完成某一功能。如果离开这些类之间的关系，那么类模型只是一些表示词汇的杂乱无章的矩形。因此，在构建系统的类模型时，不仅要抽象出类，还必须对这些类之间的关系进行详细的建模。准确地建模类之间的关系是设计 UML 类图过程中一个非常重要的环节，也是类模型构建过程中比较难的地方。

关系代表类之间的联系，最常用的有四种：关联、依赖、泛化和实现。关联表示对象之间的结构关系；依赖表示类之间的一种使用关系；泛化表示类之间存在一种一般和特殊关系；实现表示规格说明（specification）与其具体实现之间的一种关系。接下来，我们将详细介绍这四种关系。

1. 关联

关联（association）用于描述不同的类之间的结构关系，它详述了一个事物的对象与另一个事物的对象相联系。关联在一个含有两个或多个类的有序列表（元组）中建立联系，且列表中的类可重复。最普通的一种关联是二元关联（binary association），它连接的是两个类。尽管不太常见，但也有同时连接多个类的关联，这种关联叫作 n 元关联。关联表示的是一种结构关系，如类 Library 与类 Book 之间就存在关联，给定某个 Book 就可以找到它所属的 Library，同样给定 Library 就可以找到所有的 Book。在图形上，把关联表示为连接相同或不同类的实线，当需要表示结构关系时就需要用到关联。如图 5-7 所示是关联的一个例子。

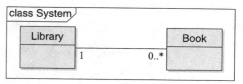

图 5-7　关联关系

为了详细建模关联的信息，UML 提供了修饰机制，帮助丰富关联的语义信息。可应用到关联上的基本修饰如下：

- 名称：描述关联的性质，同时可以提供一个有方向的三角形来表示类之间的关联方向。
- 角色：对参与关联的类来说，在关联中扮演的某种角色。注意，同一个类在不同的关联中可能扮演不同的角色。
- 多重性：在建模问题中说明关联的实例中有多少连接对象。它表示一个整数的范围，指明相关对象的可能个数。多重性的表示见表 5-2。

表 5-2　关联关系的多重性表示

表示形式	含义
0..1	0 到 1
1	1 个
0..*	0 到多
1..*	1 到多
1..6	1 到 6
1..3, 7..10	1 到 3 或者 7 到 10
*	零或多个

- 聚合：在实际建模中，往往需要对"整体 / 部分"的关系进行描述。在这种关系中，其中一个类所描述的是一个较大的事物（即"整体"），它由较小的事物（"部分"）组成。这种关系被称为聚合，它描述了"has-a"的关系，意思是整体对象拥有部分对象。例如，"班级"类与"学生"类之间是整体与部分的关系；"Library"类与"Book"类之间也可以使用聚合表示两者之间的关系（见图 5-8）。聚合在 UML 中被表示为在整体的一端用一个空心菱形修饰的简单关联。

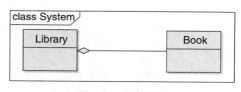

图 5-8　聚合关系

- 组合：是聚合的一种变体，在聚合的基础上增加了一些重要的语义，在图符上使用实心的菱形表示组合关系。与聚合相比，组合具有更强的拥有关系，而且整体与部分的生命周期是一致的。一旦创建，这种部分与整体是共存亡、同生命周期的。此外，整体辅助对它的各个部分进行处置，这意味着整体必须管理它的部分的创建与撤销。例如，如图 5-9 所示，当在窗口系统中创建一个 Frame 时，必须把它附加到它所归属的 Window。类似地，当撤销一个 Window 时，Window 对象必须依次撤销它的 Frame 部分。

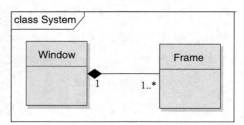

图 5-9　组合关系

2. 依赖

依赖（dependency）是一种使用关系，特定事物的改变有可能会影响到使用该事物的其他事物，在需要表示一个事物使用另一个事物时使用依赖关系。在大多数情况下，依赖关系体现在某个类的方法使用、调用另一个类的对象作为参数上。在 UML 中，依赖关系用带虚线箭头表示，由依赖的一方指向被依赖的一方。如图 5-10 所示是一个简单的依赖的例子。

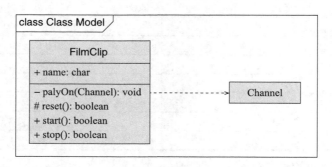

图 5-10　依赖关系

对于大多数依赖关系而言，像上面那样简单、未加修饰的依赖关系就已足够了。然而，有时会有详述细微差别的要求，UML 中定义了一些可用于依赖关系的构造型，即在依赖关系上增加具体的、特定的含义，用于建模某个具体的场景。在现有的建模工具中，不同的工具甚至同一工具的不同版本分别支持不同的依赖关系，只需要在建模过程中使用工具中已经提供的依赖关系，或者自己定义所需要的依赖关系即可。

可应用到类图中的类和对象间的依赖关系包括：

- 绑定（bind）依赖：表明源对目标模板使用给定的实际参数进行实例化，常应用于模板类。

- 导出（derive）依赖：表明可以从目标计算出源。当对两个属性或关联之间的关系建模时，如果其中一个属性（关联）可以导出另一个属性（关联），就可以使用 derive 构造型。例如，生日和年龄。

- 友元（friend）依赖：表明源对目标的特定可见性，常用于 C++ 中的友元类之间的关系建模。

- 实例（instanceOf）依赖：表明源对象是目标类元的一个实例。

- 实例化（instantiate）依赖：表明源创建目标的实例，即目标是源类的实例化。

- 强类型（powertype）依赖：表明目标是源的强类型（强类型是一个类元，其对象都是一个给定父类的子类）。当对覆盖其他类的类建模（如数据库建模）时，可能碰到这种依赖关系。

- 精化（refine）依赖：表明源比目标处于更精细的抽象程度上。当对本质上相同但位于不同抽象层次的类建模时要用精化依赖。

- 使用（use）依赖：表明源元素的语义依赖于目标元素的公共部分的语义。当要显式地把一个依赖标记为使用关系时，就可以应用使用依赖。这是一种最常见的依赖关系。

除了类与类之间存在依赖关系外，包之间也存在依赖关系。UML 规范中规定了可应用到包之间的依赖关系，包括：

- 访问（access）依赖：表明源包有权引用目标包中的元素。

- 引入（import）依赖：是一种访问，它表明把目标包的公共内容加入源包的命名空间。

可应用到用例之间的依赖关系包括：

- 延伸（extend）：表明目标用例延伸了源用例的行为。

- 包含（include）：表明源用例在其指定的位置上显式地合并了另一个用例的行为。

可应用到对象之间的依赖关系包括：

- 变成（become）：描述了目标对象与源对象是相同的，但在后续的时间点上属性值、状态或角色可能会不同。

- 调用（call）：表明源操作调用目标操作。

- 复制（copy）：表明目标对象是源对象的精确复制，但目标对象是独立的。

可应用到状态机的语境中的依赖关系：发送（send），表明源操作向目标发送事件。

可应用到把系统的元素组织成子系统和模型的语境中的依赖关系：跟踪（trace），

表明目标是源的历史祖先。

3. 泛化

（1）简单泛化关系

泛化（generalization）是从两个或多个类（子类）中提取共同特征，并把它们定义在一个类（超类或父类）中的过程。共同特色可以是属性、关联或操作等。泛化通常表示的是 "is-a-kind-of" 的关系。

当要表示父 / 子关系时，使用泛化。在图形上，把泛化画成一个带有空心三角形、大箭头的有向实线，并指向父类。一个类可以有 0 个、1 个或多个父类。没有父类并且最少有一个子类的类称为根类或基类；没有子类的类称为叶子类。如果一个类只有一个父类，说明这是单继承；如果一个类有多个父类，则称为多继承。

如图 5-11 所示是一个简单的泛化例子：鱼是一种动物。

泛化大体来说有两种用途。一种用途是用来定义下列情况：当一个变量（如参数或过程变量）被声明承载某个给定类的值时，可使用类的实例，这被称作可替换性原则。该原则表明后代的一个实例可以用于任何祖先被声明的地方。例如，如果一个变量被声明为图书管理员，那么其就可代替用户实例。

另一个用途是在共享父类所定义的成员的前提下允许它增加自身定义的描述，这被称作继承。继承允许描述的共享部分只被声明一次而可以被许多子类所共享，而不是在每个类中重复声明并使用它，这种共享机制减小了模型的规模。更重要的是，它减少了为了模型的更新而必须做的改变和意外的前后定义不一致。

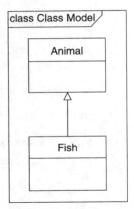

图 5-11　泛化关系

（2）定义在泛化上的约束

简单的、未加修饰的泛化关系足以建模大多数的继承关系。然而，如果要详述深层的含义，UML 定义了应用到泛化关系上的 4 种约束表示。

- 重叠（overlapping）：父类的对象可能以给定的子类中的一个以上的子类作为类型。
- 互斥（disjoint）：父类的对象最多以给定的子类中的一个子类作为类型，子类是互斥的。因此，子类的划分应该注意相互之间是互斥的。
- 完全（complete）：在模型中已经表示出了该泛化关系中的所有子类，并且不允许再增加子类。即子类的集合已经是一个完全的集合，无法再增加新的子类。

- 不完全（incomplete）：在模型中还没有给出该泛化关系中的所有子类，允许以后再增加子类。即子类的集合是一个不完全集合。

图 5-12 给出了这 4 种约束的表示例子。

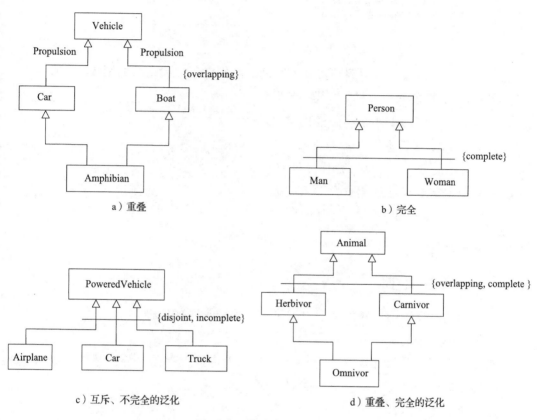

a）重叠
b）完全
c）互斥、不完全的泛化
d）重叠、完全的泛化

图 5-12　带约束的继承关系

4. 实现

实现（realization）将一个模型元素连接至另一个提供了行为说明而无结构或实现的模型元素，最典型的应用如接口。通常，接口类所提供的操作由具体的实现类实现其操作细节。用户必须至少支持（通过继承或直接声明）后者所提供的所有操作。在图形上，实现被表示成一条带有空心三角箭头的虚线，并指向提供了说明的那个模型元素。

大多数情况下用实现来描述接口和类或构件之间的关系。接口只说明了必须要实现的合约，类或构件则对接口的说明进行具体的实现，如通过继承关系实现接口。一个接口可以由多个类或构件来实现。如图 5-13 所示。

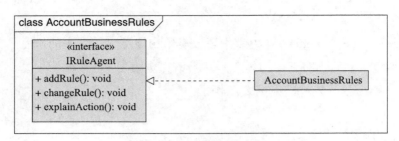

图 5-13　实现关系

实现也可以用来描述用例与实现该用例的协作之间的关系。如图 5-14 所示。

在 UML 类图的构建过程中，类一旦明确后，接下来主要的工作是明确建模类之间的关系。UML 语言提供了各种表示、修饰类之间关系的方式，在实际建模过程中，建议大家根据需要灵活使用这些关系的表示形式，从而准确构建系统的类图模型。

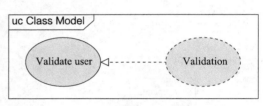

图 5-14　实现关系

5.2　建模技术

5.2.1　建模类图的步骤

在实际建模过程中，建议采取以下步骤来构建类图的模型。

（1）建模系统的类

例如，在大学管理系统这个案例中，我们先可以根据需求标识系统可能涉及的类：教师、学生、教务、管理员、课程、项目等。

（2）建模类的属性

当明确标识好系统的类后，可以通过为类增加属性信息构建更加详细的类图。例如，教师的属性可以有工号、姓名、email 等。学生的信息可以有学号、姓名、性别等。

（3）建模类之间的关系

通常，类之间的常用关系有 4 种：关联关系、继承关系、组合关系、聚合关系。此外，类图也可以用于对协作建模，要遵循如下策略：

- 识别要建模的模块、功能。模块表示正在建模的系统的一些功能划分和行为。这些功能和行为的分析、设计需要通过建模子类、接口以及一些其他事物所组成的群体相互作用。
- 针对每个功能模块、协作，识别参与该协作的类、接口和其他协作，并识别这些类之间的关系。

- 使用脚本或者类关系卡（CRC）排演这些事物，明确类及类之间的关系。通过这种方法，可发现模型的哪些部分被遗漏以及哪些部分有明显的语义错误。
- 明确建模类及类的属性、操作。对于类，首先要做好职责的平衡，注意类的粒度的划分。其次，随着时间的推移，不断进行模型精化，为类增加具体的属性和操作。

下面是 UML 类图的模型元素及其表示形式的总结：

名称	图符表示	描 述
类	A − a1: T1 − a2: T2 + o1: void + o2: void	一组对象的结构及行为的描述
抽象类	A {abstract} A	无法被实例化的类叫作抽象类
关联关系	A — B A ↔ B A ⊢× B	类之间的关系：无向导航，双向导航，单向导航

类模型中关系种类的总结如下：

名称	图符表示	描述
N 元关联关系	A ◇ B C	N 个类之间有关联关系（这里是 3 个类之间有关联关系）
关联类	A — B C	关联关系更详细的描述
xor 关系	B {xor} C A	异或，C 的对象与 A 的对象有关系，或者 C 的对象与 B 的对象有关系，但不是同时有关系
聚合关系	A ◇— B	部分与整体的关系（A 是 B 的部分）
组合关系	A ◆— B	部分与整体之间存在强的依赖关系（A 是 B 的部分）
继承关系	A ▷— B	A 继承 B
对象	o:C	类的实例
链接	o1 — o2	对象之间的关系，是类之间的关联关系的实例

5.2.2　UML 类图的正向工程和逆向工程

建模是重要的，但要记住项目小组的主要产品是软件而不仅仅是模型图。当然，创建模型的目的是及时交付满足用户及业务发展目标的正确软件。因此，使创建的模型与部署的实现相匹配、一致，并使二者保持同步的代价减少到最小是很重要的。

在大多数情况下，需要把所创建的模型映射成代码。UML 没有指定到任何面向对象编程语言的特定映射，但还是考虑了映射问题。特别是对类图，设计者可以把类图的内容清楚地映射到各种面向对象的语言，如 Java、C++、Smalltalk、Eiffel、Ada。UML 也被设计成可映射到各种商用的基于对象的语言，如 Visual Basic。

1. 正向工程

正向工程（forward engineering）是通过到实现语言的映射把模型转换为代码的过程。由于用 UML 描述的模型在语义上比当前的任何面向对象编程语言都要丰富，在正向工程中将导致 UML 类图的一些信息丢失。事实上，这是除了代码之外还需要模型的主要原因。像协作这样的结构特征和交互这样的行为特征，在 UML 中能被清晰地可视化，但是在源代码层次，这些关系、特征就不会如此清晰地表示出来。

对类图进行正向工程，要遵循如下原则：

- 确定映射到实现语言或所选择的语言的规则。这些映射规则需要根据语言的语法、语义进行映射，在现有的建模工具（如 Enterprises Architecture）中，已经将 UML 模型到具体代码的映射规则集成在工具中。
- 根据所选择语言的语义，可能要限制对某些 UML 特性的使用。因此，具体语义的映射需要针对不同的程序语言进行定制。例如，UML 允许对多继承建模，但 Smalltalk 仅允许单继承。可以选择禁止开发人员用多继承建模（这使得模型依赖于语言），也可以研发把这些丰富的特征转化为实现语言的惯用方法（这样使得映射更为复杂）。
- 用标记值来指导在目标语言中对实现的选择。如果需要精确地控制，可以在单个类的层次上这样做。也可以在较高的层次（如协作或包）上这样做。
- 用工具自动生成代码。开发相应的代码生成工具，它能够根据语言之间的映射关系，将 UML 模型自动或者半自动地转换为相应的 Java 或者 C++ 代码。该方法能够有效提高代码生成的效率和质量。

可以借助代码生成技术，将类图映射为面向对象的程序语言。本质上，类图中涉及的很多概念与面向对象程序设计语言中的概念是类似的，所以，这种模型到代码的映射也很自然。现有的建模工具已经能够实现部分代码的自动生成，或者对自动生成的代码稍加修改。

2. 逆向工程

逆向工程（reverse engineering）是通过从特定实现语言的映射把代码抽象为模型的过程。逆向工程会导致大量的多余信息，其中的一些信息属于比抽象层次低的层次的细节信息。同时，逆向工程是不完整的。由于在正向工程中从模型产生代码时丢失了一些信息，所以除非所使用的工具能对原先注释中的信息进行编码（这超出了实现语言的语义），否则就不能再从代码创建一个完整的模型。尽管如此，逆向工程仍然具有重要意义，它能够帮助构建代码所对应的文档，这对于软件开发过程的管理是很重要的。

对代码进行逆向工程构建相应的类图，要遵循如下原则：

- 确定从实现语言或所选的语言进行映射的规则。
- 选取合适的支持逆向工程的工具。用工具生成代码所对应的新的模型或修改以前进行正向工程时已有的模型。但是，期望从一大块代码中逆向产生出一个简洁、完整的模型是不切实际的。应该选择部分代码，从底部建造部分模型，进而逐步构建系统的模型。
- 借助已有的工具，通过查询模型来创建类图。例如，可以从一个或几个类开始，然后通过追踪特定的关系或其他相邻的类来扩展类图。根据要表达意图的需要，显示或隐藏类图的细节内容。
- 设计人员为模型增加一些必要的设计信息，以表达在代码中丢失或隐藏的设计意图。

5.3 小结

类模型是描述类、接口、协作以及它们之间关系的图，用来建模系统的静态结构。它用于为软件系统进行结构建模，详细描述系统的词汇以及这些词汇之间的关系。与 UML 中的其他模型一样，类模型也可以包含注解和约束，以完善其内容。类图的正向工程具有一定的实践意义，我们可以通过构建系统的类图，借助代码转换工具生成类图所对应的代码框架。

习题

1. 类通常可以分为实体类、（　　　）和边界类。

  A. 父类   B. 子类

  C. 控制类   D. 祖先类

2. 类的结构（ ）。

  A. 由代码来表示   B. 由属性和关系来表示

  C. 由操作来表示   D. 由对象的交互来表示

  E. 选项 B 和 C

3. 类的行为（ ）。

  A. 由一组操作决定   B. 由类的属性决定

  C. 对类的每一个对象是唯一的   D. 由父类决定

  E. 选项 A 和 B

4. 请用自己的话解释你对类图的理解，并举例说明。

5. 类图（类模型）所包含的主要建模元素有哪些？

6. 类与类之间的关系主要有哪几种？请举例说明。

7. 关联、泛化、组合、聚合如何分别使用图形表示？简要说明组合与聚合的区别是什么。

8. 类图主要用于建模系统的静态结构，请结合实例说明类图构建过程中应该注意的问题。

第6章 状态机模型

状态机（State Machine）建模对象的行为变迁，描述对象在它的生命周期中响应事件所经历的状态序列以及它对那些事件的响应。状态图（State Diagram）起源于 David Harel 所提出的状态机模型，采用了有限自动机的概念。状态图用来描述一个特定的对象的所有可能的状态以及由于各种事件的发生而引起的状态之间的迁移。它建模了一个状态机，强调从状态到状态的迁移及触发这些迁移的条件、事件及产生的动作。UML 标准规范中提供了两种类型的状态机模型：行为状态机和协议状态模型，其中，行为状态机图在实际中应用最为广泛，本书中我们将重点介绍行为状态机模型。

本章要点如下：

- 掌握状态机模型的基本概念。
- 掌握状态、迁移、事件、动作等基本建模元素。
- 掌握如何使用状态机模型建模复杂对象的状态变迁。

6.1 基本概念

- **状态图**（State Diagram）：用来描述一个特定的对象的所有可能状态以及由于各种事件的发生而引起的状态之间的迁移。它显示了一个状态机，强调从状态到状态的控制流。状态图由状态、迁移、事件、活动和动作 5 部分组成。
- **状态**（State）：指的是对象在其生命周期中的一种状况，处于某个特定状态中的对象必然会满足某些条件、执行某些动作或是等待某些事件。一个对象的生命周期是一个有限的时间段，其中，对象的状态可能有多种情况。
- **迁移**（Transition）：指的是两个不同状态之间的一种关系，表明对象将在某个状态中执行一定的动作，并且在满足某个特定条件下由某个事件触发进入另一个状态，即迁移使能，导致状态发生变迁。
- **事件**（Event）：指的是发生在时间和空间上的有意义的事情。事件通常会引起状态的变迁，促使状态机从一种状态迁移到另一种状态，如信号、对象的创建和撤销等。
- **活动**（Activity）：指的是状态机中进行的非原子动作。活动可以由一系列动作组成。

- **动作**（Action）：指的是状态机中可以执行的那些原子操作，所谓原子操作指的是它们在运行的过程中不能被其他消息所中断，必须一直执行下去，最终导致状态的变迁或者返回一个值。

在图形上，状态图是顶点和弧的集合。如图 6-1 所示是一个电灯的状态图。电灯有两种简单状态：点亮状态（light_on）和关闭状态（light_off）。当我们打开开关的时候，灯便从 light_off 状态变成 light_on 状态。当关掉开关时，它就从 light_on 状态切换到 light_off 状态。当事件"turn off""turn on"被触发时，系统就会进行相应的状态切换。

状态机只针对特定的目标建立出系统的必要的一部分。比如，当你只想建立电灯可能处于的状态，或是用于收集需求或文档的目的，图 6-1 的模型就足够了。但是，随着设计过程的深入，我们可以构建出更加详细的状态图，且能够生成其对应的代码片段。

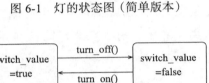

图 6-1　灯的状态图（简单版本）

如图 6-2 所示，图中显示一个类 Light，具有一个布尔型的 switch_value 属性，当调用 turn_off（）操作后，switch_value 的值被设为 false，灯切换到 switch_value=false 状态，对应于图 6-1 中的 light_off 状态。Light 类中定义的操作，将在状态机图中以事件的形式被引用。此外，图 6-2 的下半部分展示了类 Light 的表示形式，并结合其对应的状态图给出了相应的代码。

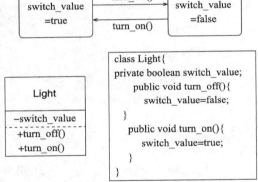

图 6-2　灯的状态图（详细版本）

6.2　基本建模元素

6.2.1　状态

状态是对象生命周期中的某个条件或状况，在此期间对象将满足某些条件，执行某些活动或等待某些事件。在图形上，状态用圆角矩形表示，并可以标识上状态名（见图 6-3）。需要注意的是，状态的命名通常是动词的现在进行时形式（如 waiting），或者过去时形式（opened），能够显式地表明对象当前所处的状态，将停留一定的时间，执行相应的动作。

当一个对象处于一个指定的状态时，这个对象可以执行这个状态的所有内部活动。如果内部活动被指定给一个状态，那这个状态就被分为两个部分。上面部分是状态名，下面部分包含内部活动。如图 6-4 所示。

图 6-3 简单状态   图 6-4 具有内部活动的状态

针对某个状态，可以根据需要定义三种活动，用于表示当对象处于该状态时可执行的动作。在关键词 entry 后面定义一个活动，表明在对象进入该状态时必须执行这个活动。在关键词 exit（退出）后定义活动，表示在退出该状态的时候必须执行的动作。如果在关键词 do 后面定义活动，当对象处于该状态并且是活跃的，就会执行该活动。各自的活动的定义，通常使用一个前缀斜杠来指定，如图 6-4 所示。

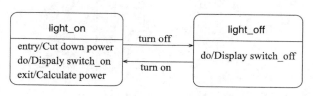

图 6-5 灯的状态图

图 6-5 是对图 6-1 的扩展。只要灯是关着的，对象处于 light_off 状态，活动 Display switch_off 就被执行，显示灯处于未打开状态。如果灯从 light_off 状态迁移到 light_on 状态，活动 Cut down power 就被执行，表示消耗一定的电量。如果灯一直开着，活动 Display switch_on 就会被执行，显示灯处于开着的状态。当关闭电灯，执行 turn off 把它关上时，状态就变为 light_off，活动 Calculate power 就会被调用执行，系统就会计算剩余的电量。

针对状态，要注意以下几点：

- 对象在任何时候都会处于某种状态中，所有对象都有状态。
- 对象所处的状态决定了它如何响应所检测到的事件或所接收的消息。
- 通常，事件的触发使对象从一种状态迁移到另一种状态（即状态的迁移）。
- 状态表示对象在某段时间内所处的一种状态，在时间上具有持续性，当某个事件发生时状态才可能发生变迁。

1. 伪状态

伪状态是临时状态，是一类特殊的状态。需要注意的是系统无法停留在伪状态。它们不是实际存在的状态，而是一些控制结构，能够支持复杂的状态及状态迁移。并且，你无法将活动附加在伪状态上。常见的伪状态包括：初始状态、判断节点、并行节点、同步节点、历史状态、进入 / 退出点、终止节点。

2. 初始状态和终止状态

初始状态显示状态图中状态机执行（execution）的开始点。一个状态机只能有一个初始状态；如果一个状态机用多张图描述，则多张图用同一个初始状态；如果用了组合状态，则组合状态中可有初始状态。终止状态表示一个最后的状态或者终止状态。一张图中终态可以有多个，也可以没有。它们的表示如图 6-6 所示，Initial1、Initial2 为初始状态，Final 为终止状态。

3. 决策点

决策点（decision node）在状态机图中用菱形表示，你可以用它来建立有分支的迁移。它只有一条进入的边和至少两条出去的边。如图 6-7 所示。

在输入边，你可以建立事件触发转移。在输出边，你可以为选择边指定监护（guard）条件。对于所有的输入边和输出边，你可以指定特定的活动。如果建立的输入边事件发生，系统就会进行迁移。为了防止系统被困死在决策点中，你必须保证监护条件包含了所有可能的情形。

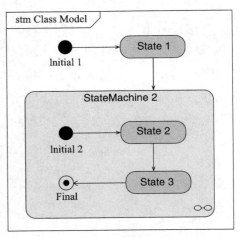

图 6-6　初始状态和终止状态

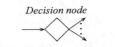

图 6-7　决策点的图符表示

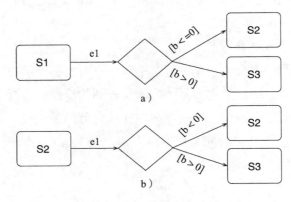

图 6-8　决策点的示例

图 6-8a 展示了一个决策点使用的例子。如果事件 e1 发生，迁移就被触发。系统到达决策点时通过判断 [b<=0] 和 [b>0] 来决定迁移到状态 S2 还是状态 S3。在

图 6-8b 中，由于监护条件没有包含所有的情况，缺少 [b=0] 的情况，所以可能导致系统被困在决策点。因此，在设计状态图时，尽量避免出现图 6-8b 中的情况。

4. 并行节点和同步节点

并行节点用黑竖条表示，只有一条输入边，至少两条输出边。并行节点被用来将一条流分成多个并行的迁移。输出边不允许指定事件和监护条件。

同步节点同样也用黑竖条表示，它至少有两条输入边，只有唯一一输出边。与并行节点相反，它是用来合并多个并行流。输入边无需指定事件或监护条件。如图 6-9 所示。

5. 终止节点

在状态机图里，终止节点用一个大的 X 表示。如果系统处于终止节点，状态机将被终止，表示建立的对象被撤销。如图 6-10 所示。

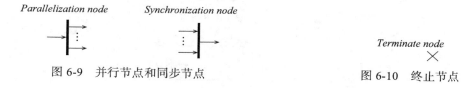

图 6-9　并行节点和同步节点　　　　　　　　图 6-10　终止节点

6.2.2　复合状态

简单状态无子结构，只有若干迁移和可能的进入和退出动作。复合状态也称为组合状态，可以被分解为顺序的或并发的子状态。进入或离开复合状态的迁移调用状态的进入动作和退出动作。如果有多个复合状态，则遍布多个级别的迁移可能调用多个进入动作（外层优先）或多个退出动作（内层优先）。如果迁移本身带有动作，则它在退出当前状态之后、进入另一个状态之前执行。

复合状态中可能有初始状态。至复合状态边界的迁移即隐式为至初始状态的迁移。对象从最外层的初始状态开始，类似的，复合状态可包含终止状态。至终止状态的迁移触发复合状态上的结束迁移（无触发迁移）。如果对象到达了最外层的终止状态，它会被销毁。迁移可以指向复合状态的子状态或者从复合状态的子状态指出。

图 6-11 展示了一个进入和退出复合状态的例子。如果一个对象处于 S3 状态，并且事件 e2 发生，复合状态 S1 变成活跃状态。对象进入 S1 的初始状态，立即迁移到状态 S1.1。当对象处于 S3 时，如果事件 e1 发生，则 S1.2 变成活跃状态。如果对象处于 S1.2 并且 e4 事件发生，那么对象就退出高一层的 S1 状态，迁移到状态 S2。如果对象处于 S1.1 时，e3 发生了，那么对象直接迁移到状态 S2，不会到达状态 S1.2。如果事件 e3 发生时，对象处在 S1.2，那么系统依然会保持在 S1.2，事件 e3 被丢失，

因为它在状态 S1.2 不被用到，它也不是指定的从 S1.2 出发迁移的事件。

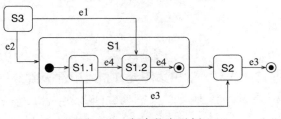

图 6-11　复合状态示例

图 6-12 显示了售货机的状态图，其中，Purchasing 状态是一个复合状态，其子状态机建模了售货过程中的状态变迁情况。

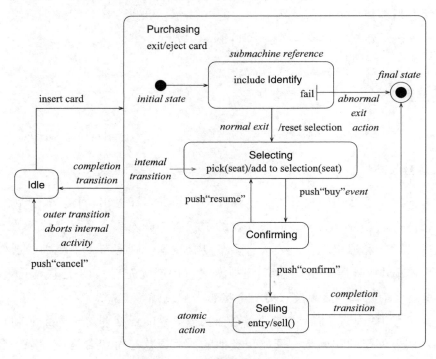

图 6-12　售货机的状态图

并发子状态表示当系统进入并发的父状态时，系统同时进入多个并发的子状态，控制线程的数量会递增；而当离开时，系统同时离开多个并发子状态。每个子状态常常对应一个专门的对象来实现并发，单并发子状态也可以表达单个对象中的逻辑并发性。图 6-13 展示了选课状态机的并发分解。状态"Taking Class"包含 3 个并发子状态机，最上面的是两个子状态"Lab1"和"Lab2"，当事件"lab done"被触发时，发生状态的迁移。中间部分包含状态"Term Project"，最下面的部分包含状态"Final Test"。这三个并发子状态机显式建模了在选课状态中，当处于状态

"Incomplete"时同时存在三种情况。这意味着，当进入"Incomplete"时，三种状态同时存在，只有它们同时完成时才有可能进入下一个状态"Passed"。

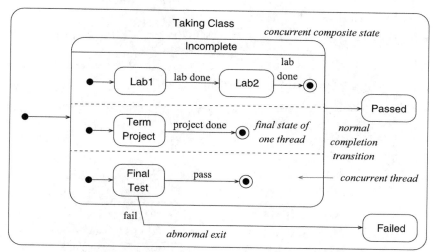

图 6-13 并发复合状态

1. 子状态机（Submachine）

如果多个状态机图共享相同的行为，那么多次建立这些相同的行为是不切合实际的，因为这样会使得模型维护和重用变得很困难。在这种情况下，就推荐在其他状态机图中重用状态机图的某部分。你可以通过使用子状态机，建立从其他状态机图中获取的将要被子状态机重用的行为。子状态机是一种特殊的复合状态机。如果一个子机的状态在状态机图中被建立，只要子状态机的状态是活跃的，子状态机的行为就会被执行。这就相当于编程语言里的子程序调用。将子机状态单独定义，并对其进行命名（通常以大写字母开头），然后在需要使用的地方来引用它。如图 6-14 所示，a 中的主状态机处于 CommandWait 状态时，当 help 命令事件发生，系统进入 include Help 状态，此时，将调用 b 中的 Help 子状态机。

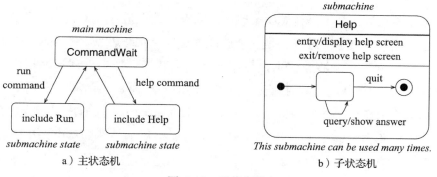

a）主状态机   b）子状态机

图 6-14 子状态机

2. 历史状态

历史状态是一种伪状态，可以存储退出复合状态时所处的子状态，当返回复合状态时，可以直接回到相应的子状态。

历史状态有两种类型：浅历史状态和深历史状态。每个复合状态有最多一个浅历史状态和一个深历史状态（见图 6-15）。

Shallow history state   *Deep history state*

浅历史状态保存了和它自己本身处于同一层级的复合状态里的状态，而深层次状态保存了整个嵌套深度里的最近活跃的子状态。

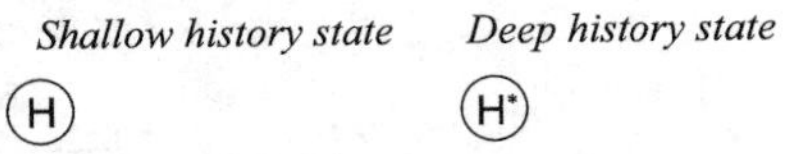

图 6-15   浅历史状态和深历史状态

其示例如图 6-16 所示。

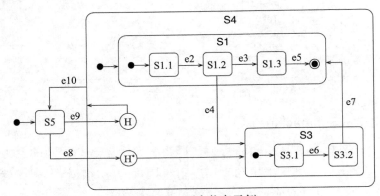

图 6-16   历史状态示例

在图 6-16 的例子中，我们假设一个对象处在状态 S1 的子状态 S1.2，e10 发生了，直接迁移到 S5，浅历史状态会记住状态 S1，因为 S1 和浅历史状态处于同一层级。而深历史状态会存储状态 S1.2，因为在整个嵌套深度中它是最新活跃的子状态。如果此时事件 e8 发生，深历史状态会激活 S1.2；如果 e9 发生，浅历史状态会激活 S1，即 S1 的初始状态，接着迁移到 S1.1。

3. 进入点和退出点

如果想要通过一个不是初始状态或终止状态的状态进入或退出一个复合状态，可以使用进入点和退出点。进入点是一个被放置在复合状态边界上的小圆，并有一个描述它的名字。进入点能够迁移到执行应该开始的状态。如果外部迁移指向这个进入点，被期望的状态可以被立即执行，并不需要知道复合状态的结构。同样，如果想不像平常那样使用终止状态来结束复合状态，可以使用退出点。退出点被放置在复合状态的边界上，用包含一个"×"的小圆表示。如果一个外部迁移由退出点作为源状态，这就相当于一个确定的终止状态，并且外部迁移不需要知道复合状态的结构。因此进入点和退出点是一种封装机制。当使用子状态机时，这两者通常会被使用。

图 6-17a 是对图 6-11 例子的修改。在原来基础上加上了进入和退出点。图 6-17b 图展示了 S1 的外部视图，进入点和退出点就像 S1 的一个接口，封装了 S1，S1 的内部结构对于外部迁移是不可见的。

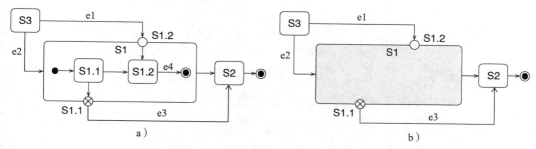

图 6-17　状态图中的进入点、退出点

6.2.3　迁移

迁移（transition）是两个状态之间的一种关系，表示对象在某个状态中执行一定的动作，并在某个特定事件发生而且满足某个条件时进入下一个状态。迁移进入的状态称为活动状态，迁移离开的状态称为非活动状态。在图形上，迁移用一条从源状态到目标状态的有向实线表示。如图 6-18 所示。

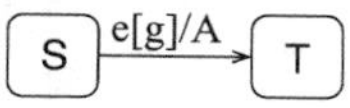

Transition

图 6-18　迁移的表示

迁移具有以下几项特征：

1）源状态（source state）：迁移所影响的状态；如果对象处于源状态，当对象收到迁移的触发事件并且满足警戒条件（如果有）时，就可能会触发输出迁移。如图 6-18 中状态 S 是源状态，对应电灯例子中的 light_off 状态。

2）事件触发器（event trigger）：使迁移满足触发条件的事件。当处于源状态的对象收到该事件时（假设已满足其警戒条件），就可能会触发迁移。在图 6-18 中为 e。在电灯的例子中，我们假设天黑的时候打开电灯，即触发事件是天变黑（Nightfall）。

3）监护条件（guard condition/guard）：通常使用布尔表达式表示。在接收到事件触发器而触发迁移时，将对该表达式求值；如果该表达式求值结果为 True，则说明迁移符合触发条件；如果该表达式求值结果为 False，则不触发迁移。如果没有其他迁移可以由同一事件来触发，该事件就将被丢弃。比如图 6-18 中的 [g] 就是一个监护条件，对应电灯例子中监护条件 [power>0]，取值为真，即在通电的情况下电灯才会打开照亮。

4）动作（action）：也叫效果（effect）。可执行的、不可分割的原子计算过程，该计算可能直接作用于拥有状态机的对象，也可能间接作用于该对象可见的其他对象。在如图 6-19 所示电灯的例子中，每次打开电灯，电量减 1，即 power--，就属于动作。

5）目标状态（target state）：在完成迁移后被激活的状态。对应图 6-18 中的 T，以及图 6-19 中的 light_on 状态。

迁移的示例如图 6-19 所示。

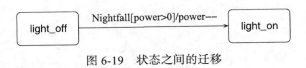

图 6-19   状态之间的迁移

1. 外部迁移

外部迁移是改变活动状态的迁移，它对事件做出响应，引起状态变化或自身迁移。自身迁移是外部迁移的一种特殊情况，源状态和目标状态是一致的，都是它本身，有些地方也称其为自反迁移。同时引发一个特定动作，如果离开或进入状态将引发进入迁移、离开迁移。迁移的语法表示如下：

事件（参数）[监护条件] / 活动

如图 6-20 所示是外部迁移的一个例子。Waiting 状态到 Confirm Credit 状态、Waiting 状态到 Process Order 状态等都属于外部迁移。

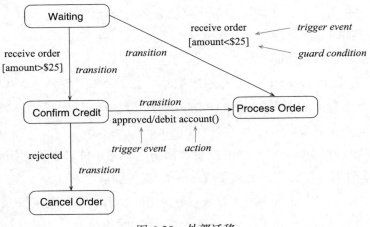

图 6-20   外部迁移

2. 内部迁移

内部迁移只有源状态，没有目标状态，不会激发入口和出口动作，因此，内部迁移激发的结果不改变本来的状态。如果一个内部迁移带有动作，它也要被执行。内部迁移常用于建模对不改变状态的插入动作。需要注意的是内部迁移的激发可能会掩盖使用相同事件的外部迁移。

内部迁移的表示法与入口动作和出口动作的表示法很相似。它们的区别主要在于入口和出口动作使用了保留字 "entry" 和 "exit"，其他部分两者的表示法相同。

图 6-21 显示了进入、退出动作和内部迁移。

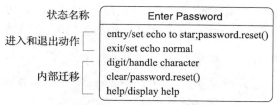

图 6-21 进入、退出动作和内部迁移

图 6-22 展示了 6 种迁移的情况。a 中没有触发事件，也没有监护条件。因此当活动 A1 完成的时候，迁移立刻发生。b 和 a 很相似，但是在迁移时执行 A2 这个活动。在 c 中，触发事件 e1 一旦发生，活动 A1 的执行立刻被中断，系统迁移到 S2，同时系统退出 S1 时会执行退出活动 A2。在 d 中，当 e1 发生时，系统会检测 g1 的值是否为真，如果为真，A1 会被中断，迁移到 S2；如果 g1 值为假，事件 e1 被抛弃，A1 不会被中断。e 和 d 相似，但是在迁移过程中，活动 A2 会被执行。f 展示出了一个监护条件"不明确"的使用情况，系统保持在状态 S1 直到 A1 被完成，且 g1 为真的时候，迁移才会发生；如果 g1 为假，系统会一直处在状态 S1，永远不可能通过迁移退出 S1。这种迁移定义只有在某些时候才有意义。比如在监护条件互补的时候，即没有"死路"的时候。

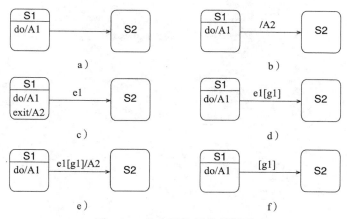

图 6-22 状态图中迁移的例子

注意：一个迁移可能有多个源状态，在这种情况下，它将呈现为一个从多个并行状态出发的结合点；一个迁移也可能有多个目标状态，在这种情况下，它将呈现为一个到多个并发状态的叉形图。

6.2.4 事件

事件（Event）是在时间和空间上显著发生的某件事情。如果某一事情的发生对系统造成了影响，那么在状态机模型中它是一个事件。当我们使用"事件"这个词时，通常是指一个事件的描述符号，即对所有具有相同形式的独立发生事件的描述，就像"类"这个词表示所有具有相同结构的独立类一样。一个事件的具体发生叫作事件的实例。事件可能由参数来辨别每个实例，就像类用属性来区别每个对象。对类而言，信号利用泛化关系来进行组织，以使不同的类共享公用的结构。事件的种类包括：信号事件、调用事件、变化事件、时间事件等。

1. 信号事件

信号是在两个对象之间充当通信媒介的命名的实体，信号的接收是信号接收对象的一个事件。发送对象明确地创建并初始化一个信号实例并把它发送到一个或一组对象。最基本的信号是异步单路通信，发送者不会等待接收者处理信号，而是独立地做它自己的工作。在双路通信模型中，要用到多路信号，即至少要在每个方向上有一个信号。

信号可以在类图中被声明为类元，并用关键字 «signal» 表示，信号的参数被声明为属性。信号也是一种类元，信号间可以有泛化关系，信号可以是其他信号的子信号，它们继承父信号的特性，并且可以触发依赖于父信号的迁移。如图 6-23 所示为输入事件信号的层次组织示例。

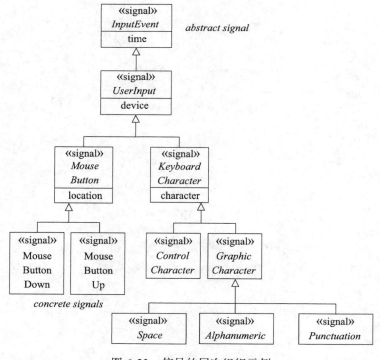

图 6-23   信号的层次组织示例

2. 调用事件

调用事件是一个对象对系统调用的接收，这个对象用状态的转换而不是用固定的处理过程实现操作。对调用者来说，普通的调用（用方法实现的调用）不会被调用事件所辨别。接收者不是用方法来实现操作就是触发一个状态转换来实现这个操作。操作的参数即事件的参数。一旦调用的接收对象通过由事件触发的转换完成了对调用事件的处理或调用失败而没有进行任何状态转换，则控制返回到调用对象。不过，与普通的调用不同，调用事件的接收者会继续它自己的执行过程，与调用者处于并行状态。如图 6-24 所示是调用事件的一个示例。

图 6-24　调用事件

3. 变化事件

设计者可以使用变化事件监视条件是否为真，变化事件通常以用关键字 when 开头的布尔表达式的形式出现。例如 when(x>y)，即当条件 x>y 满足时，此表达式取值为真，该事件发生。

变化事件是一种表示条件的事件，它根据特定属性值的布尔表达式的取值进行迁移的触发。如果布尔表达式取值从假变为真，则触发迁移从一个状态到下一个状态。但是一定要小心使用它，因为它表示了一种具有时间持续性并且可能是涉及全局的计算过程。这既有好处也有坏处，好处在于它将模型集中在真正的依赖关系上——一种当给定条件被满足时发生的作用——而不是集中在测试条件的机制上。缺点在于它使修改系统潜在值和最终效果的活动之间的因果关系变得模糊了。测试修改事件的代价可能很大，因为原则上修改事件是持续不断的。而实际上，又存在着避免不必要的计算的方法。

请注意监护条件与变化事件的区别。监护条件只是在引起转换的触发器事件被触发时和事件接收者对事件进行处理时被赋值一次。如果它为假，那么转换将不会被激发，条件也不会被再赋值。而变化事件被多次赋值直到条件为真，这时转换也会被激发。

变化事件用关键字 when 开头，后面跟布尔表达式。如图 6-25 所示为一个示例：当 buffer!=null 表达式的取值为真时，状态 Wait 迁移到状态 Read。

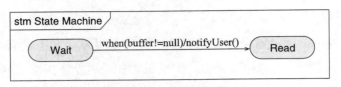

图 6-25   变化事件

4. 时间事件

时间事件代表时间的流逝，用于触发满足某一时间表达式的事件。时间事件既可以被指定为绝对时间（精确的物理时间），也可以被指定为相对时间（从某一指定事件发生开始所经历的时间）。在高层抽象模型中，时间事件可以被认为是来自整个世界的事件；在实现模型中，它们由一些应用系统中特定对象的信号所引起。时间事件用关键字 after 或 when 表示，如图 6-26 所示。例如，事件 after (10 minutes) 表示 10 分钟后事件发生，迁移被使能，系统状态由 NoMouseMoving 变迁到 Leaving 状态。

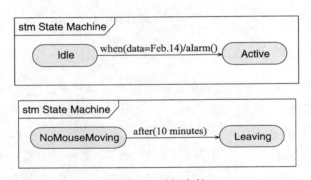

图 6-26   时间事件

6.2.5   状态图的执行

最后，我们一起来学习在状态和状态迁移之间，以及事件、监护条件（guards）和活动之间的关系。重点讨论状态机图的执行语义，当给定不同的事件序列时，分析状态的变迁、迁移的执行及变量值的改变情况。通过分析状态图的执行过程，可以显示建模复杂对象的状态变迁情况，对于建模复杂系统的动态行为具有重要意义。

图 6-27 描述了一个抽象的状态机图的例子。不同的事件发生会出现不同的状态迁移。变量 x、y、z 在活动的执行过程中会被设置成不同的值。我们将会用这个例子来解决下面的问题：在给定的事件序列 e2、e1、e3、e4、e1、e5（给定的顺序）发生后，状态机处于什么样的状态以及变量 x、y、z 的值各自是多少。

最开始，在进入 A 状态之前，x 值被赋予 2。然后状态机进入 A 状态，z 的值就被设置成 0。状态机一直处于 A 状态直到事件 e2 发生。e2 一出现，状态机立刻退出

A 状态，z 的值自增 1，z 现在是 1。状态机迁移到状态 C，作为迁移的一部分，z 的值被乘 2，z 现在是 2。当状态机进入复合状态 C，z 又一次自增 1，变成了 3，同时 y 被赋值 2。状态 C 的初态直接指向状态 C1，状态机进入 C1 的时候，z 乘以 2 变成了 6。事件 e1 发生了，状态机依然处在 C1 状态。x 的值被赋值成 4。事件 e3 发生了，系统检测 z==6 是否为真，条件为真则发生迁移。状态机退出 C1，z 重置为 3，状态迁移到 C2。当状态机进入 C2 时，y 被设置成 0。序列中下一个事件是 e4，状态机退出 C2，x 变成了 –1。状态机继续退出复合状态 C，状态的退出活动被执行，y 被赋值为 1。状态机进入状态 E，y 增加 1，变成了 2。事件 e1 的发生让状态机退出 E。历史状态返回状态 C 最近活跃的子状态，即返回到 C2，随着 C 状态进入活动的运行，z 的值从 3 变成 4，y 的值被设置成 2。下面进入 C2 状态，y 的值被重置成 0。最后的事件 e5 的发生导致状态机迁移到复合状态 C 的终态。状态机先退出 C2，x 被设置成 –1。有一条边从 C 状态指出，并且边上没有指定事件。C 状态结束，系统便由这条边迁移到状态 A。退出状态 C，y 被设置成 1。进入状态 A 时，z 又被置成 0。因此，在事件序列 e2、e1、e3、e4、e1、e5 发生后，状态机处于 A 状态，x 的值为 –1，y 的值为 1，z 的值 0。我们可以使用状态矩阵来表示状态的转换及变量的取值变化，如图 6-28 所示。

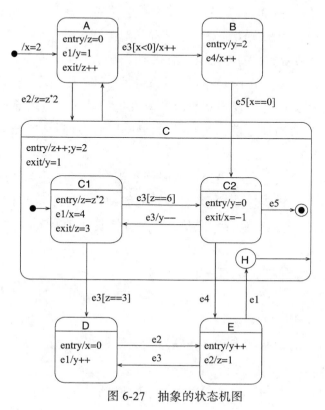

图 6-27　抽象的状态机图

事件	进入状态	x	y	z
开始	A	2		0
e2	C1		2	6
e1	C1	4		
e3	C2		0	3
e4	E	−1	2	
e1	C2		0	4
e5	A	−1	1	0

图 6-28　状态矩阵及变量取值

6.3　建模技术

6.3.1　建模反应式对象

使用状态图最常见的目的是建模反应式对象（reactive object）的状态变迁过程，如类、用例和整个系统的实例。状态图是一种常用的行为模型，着重点是建模在事件的触发下状态的变迁过程，能够有效建模复杂对象的变化情况。交互是对共同工作的对象群体的行为建模，而状态图是对一个单独的对象在它的生命周期中的行为建模。活动图是对从活动到活动的控制流建模，而状态图是对从状态到状态的控制流建模。

当对反应式对象的行为建模时，基本上要说明三件事情：这个对象可能处于的稳定状态、触发迁移的事件以及当状态改变时发生的动作。对反应式对象的行为建模还包括对对象的生命周期建模，从对象的创建开始，直到它被撤销时结束，强调在其生命周期中的状态变迁。

稳定状态处对象可以存在一段给定的时间。当一个事件发生时，这个对象可能从一个状态迁移到另一个状态。这些事件也可能触发自身迁移（其迁移的源状态和目标状态是同一个状态）和内部迁移。通常，在对事件或状态变化的反应中，对象可能要执一个动作来做出响应。

对一个反应式对象建模，要遵循如下原则：

- 选择状态机的建模语境、上下文，通常可以针对类、用例或是整个系统/子系统，建模其状态机模型。
- 指定这个对象的初始状态和终止状态。为了构建模型的剩余部分，可能要分别声明初态和终态的前置条件和后置条件。
- 分析对象可能在其中存在一段可标识的时间的条件，以决定该对象所处的稳定状态。从对象的高层状态开始，然后考虑其可能的子状态。逐层精化，合理运用状态的嵌套层次。

- 建模可能触发从状态到状态迁移的事件。即将这些事件建模为从一个状态迁移到另一个状态的触发器，并为这些迁移增加触发动作。
- 合理使用子状态、分支、分岔、汇合和历史状态等，建模复杂的状态机。
- 确保所有的状态都是在事件的某种组合下，是可达的，即不存在不可达的状态。
- 确保不存在死锁状态，即该状态处没有可触发的迁移时，必须离开该状态。
- 可使用模拟工具对状态机进行模拟执行，依照给定的事件序列以及它们的响应分析状态机的动态执行过程。

6.3.2 状态图的建模元素

状态图的建模元素总结如下：

名称	图符形式	描　　述
状态	S entry/Activity(...) do/Activity(...) exit/Activity(...)	在对象生命周期中，某个特定时间点的对象所处的状态；在状态处，对象可以执行一些活动
迁移	S —e→ T	从源状态 S 到目标状态 T 的迁移 e
初始状态	●	状态机的起始状态
终止状态	◉	状态机的终止状态
终止节点	×	状态机终止
判断节点	◇	此节点允许多个迁移出发
并行节点	│	将迁移分解为多个并行的迁移
同步节点	│	合并多个并行迁移为一个迁移
阴影和历史状态	Ⓗ / Ⓗ*	"返回地址"到一个子状态或一个复合状态的子状态

6.3.3 状态机模型的正向工程和逆向工程

对状态机模型进行正向工程（从模型生产代码）是可行的，通常，可以在某个类的语境中自动生成其状态图所对应的代码。在实际工程开发中，根据状态图自动生成相应的代码框架具有重要意义。例如，在嵌入式实时系统中，建模复杂系统对象的状态图，并生成其对应的代码，能够提高系统代码生成的效率和质量。

对状态机模型进行逆向工程（从代码抽象出模型）从理论上说是可行的，但是需要根据设计者的观点选择如何设计状态。比从代码到模型的逆向工程更有趣的是执行一个已部署的系统，对模型进行模拟执行。类似地，也可以模拟执行迁移的触发，显示事件的接收以及因此而执行的动作。在一个调试程序的控制下，可以控制执行的速度，通过设置断点以在感兴趣的状态处停止，检测单个对象的属性值。这种通过模型模拟的方式能够有效地动态执行状态图，帮助建模者分析状态图的行为。此外，也可以使用模型检测技术，对状态机模型进行验证分析，确保状态机模型的语义正确性，如不存在环路、不存在不安全状态。

6.4　小结

系统中对象状态的变化是最容易被发现和理解的，因此在 UML 中可以使用状态机模型建模对象的状态变化过程。状态图以可视化的方式显示了一个状态机，它的基本建模元素包括：状态、迁移和事件。状态图被广泛用于建模系统或对象的状态变迁过程，通过模拟执行状态图能够有效帮助设计者分析系统的状态变迁过程及导致变迁发生的事件序列。因此，状态机模型在实际软件设计、开发过程中具有重要意义，现有的软件建模工具能够有效支持状态机的正向工程。

习题

1. 下列关于状态机模型的说法中，正确的是（　　　）。

　A. 状态图是 UML 中对系统的静态方面进行建模的五种图之一

　B. 状态图是活动图的一个特例，状态图中的多数状态是活动状态

　C. 活动图和状态图是对一个对象的生命周期进行建模，描述对象随时间变化的行为

　D. 状态图强调对有几个对象参与的活动过程建模，而活动图更强调对单个反应式对象建模

2. 对反应式对象建模一般使用（　　　）。

　A. 状态图　　　　　　　　　　　　　　B. 顺序图

　C. 活动图　　　　　　　　　　　　　　D. 类图

3. 状态机模型包括（　　　）。

　A. 类的状态　　　　　　　　　　　　　B. 状态之间的转换

　C. 类执行的动作　　　　　　　　　　　D. 触发类的动作的事件

　E. 所有以上选项

4. 简述状态机模型的主要特征，以及包括哪些建模元素。

5. 请结合实例说明状态机模型主要用于哪些建模场景。

6. 状态机模型包括哪些建模元素，如何理解状态，如何理解状态之间的迁移？

7. 如何基于状态机模型自动生成系统的代码？请查阅相关文献，谈谈你的看法。

第7章 交互模型

第6章的状态机模型用于建模对象内部的行为，主要用于刻画对象的生命周期中由于事件引起的状态变迁。如何建模一个系统中对象之间的消息交互呢？本章将重点讨论如何使用交互图建模对象之间的消息、数据交互，交互的参与者可以是使用者或用户，也可以是可执行的软件系统。交互是为达某一目的而在一组对象之间进行消息交换的行为。交互模型可以对软件系统为实现某一任务而必须实施的动态行为进行建模。

本章要点如下：

- 了解交互图的基本概念、含义。
- 掌握两种常见的交互图模型：顺序图、通信图。
- 能够使用交互图建模对象之间的消息交互、通信。

7.1 概述

通常，系统中的对象都不是孤立存在的，它们之间通过传递消息进行交互。如何建模对象间的消息交互呢？可以使用交互模型建模软件系统中对象之间消息的传递，用以描述对象之间的交互行为。UML交互图主要建模软件系统为实现某一任务而必须实施的动态交互行为。

交互图所包含的建模元素主要有：对象或角色、参与者、消息。为了完成某一具体的任务，对象间的消息交互通常发生在具体的上下文中。

下面以用软件实现在屏幕上移动图标的功能为例，介绍交互图建模。如图7-1所示。考虑系统外部和系统打交道的对象User和Window——在图中标识为系统的参与者，将这两个外部对象建模在交互图上。之后，十分自然地，也是"面向对象"地考虑在系统中应该如何设置担负不同职责的软件"角色"，它们共同完成"在屏幕上移动图标"的任务。为了完成这一特定任务，需要明确参与交互的各个对象，以及对象之间的消息交互顺序。

该例中，用户和系统的交互可以分为三个连续执行的动作：

1）用户在位图区域内按下鼠标左键。

2）保持左键按下，拖动鼠标。

3）释放鼠标左键。

　　这三个动作构成了系统参与者和系统的交互，每一动作都相当于向系统发出了一个命令，系统必须在内部执行相应的操作，以正确地响应这些命令，即**消息**（message）。

　　在考虑系统内部对象的设置时，首先区分系统"边界"与系统的"内核"，专设一个对象"Receive mouse messaage"用于接收用户传来的鼠标消息。该对象收到操作系统传来的鼠标消息后，把它传给对象":Handle mouse message"。然后，发送消息给图形显示系统内核里的对象":System data"，进行具体的消息处理。

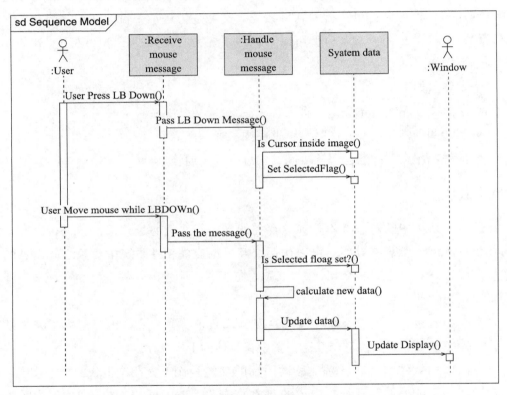

图 7-1　交互图

　　此交互图显式地建模了对象之间的消息交互过程，实际上，交互从不同的抽象级别上提供了描述通信协议的机制，我们可以从计算机专家、终端用户、决策者等不同的角度来展现其与系统的交互过程。因此，交互图可用于不同的情形。例如，可使用交互图建模软件系统与其运行环境的交互。此时，该系统可以被表示成一个黑盒，只有其接口是对外可见的。当然，也可以使用交互图建模系统内部构件之间的交互，用以建模具体的场景是如何实现的。在软件设计的后期，可以使用交互图精确地建模进程之间的通信，其中的参与对象将遵循某个通信协议进行交互。此外，交互图可建模对象之间的行为及操作调用。

交互图分为两种：顺序图（sequence diagram）和通信图（collaboration diagram）。它们在语义上是等价的。顺序图强调消息的时间顺序，通信图强调接收和发送消息的对象的拓扑组织结构。

7.2 顺序图

顺序图描述了对象之间传递消息的时间顺序，它用来表示为了实现某一用例场景，对象之间的交互行为是如何按照时间顺序展开的。

当执行一个用例行为时，顺序图中的每条消息对应了一个类的操作或状态机中引起转换的触发事件。它着重显示了参与相互作用的对象及其相互之间所交换消息的顺序。

顺序图代表了一个相互作用、在以时间为次序的对象之间的通信集合。顺序图主要强调时间发生的时间顺序。在实际建模过程中，顺序图主要用于明确建模某个用例的场景，即把用例表达的需求，转化为进一步的、更加精细的模型。在实际建模过程中，常常使用一个或者多个顺序图建模某个用例模型的具体场景。

顺序图主要有 4 个建模元素：交互的参与者（对象）、生命线、消息和控制焦点。

构建顺序图时，首先把参加交互的对象或角色放在图的水平上方，沿水平轴方向依次排列。通常把发起交互的对象或角色放在左边，与其有交互的对象或角色依次放在右边。然后，把这些对象发送和接收的消息沿纵轴方向，按时间顺序从上到下放置。因此，从本质上讲，在顺序图中越是靠近对象的生命线顶部的事件，其发生的时间越早。

需要注意的是，如果顺序图表示特定的个体对象的历史，就把名字带下划线的对象符号放在生命线的顶部。然而，通常要展示的是角色之间的交互。此时生命线不是属于特定的对象，而是原型化的角色，它们代表交互发生时每个实例的不同对象，无需加下划线。

对象的生命线是一条垂直的虚线，表示一个对象在一段时间内存在。在顺序图中出现的大多数对象存在于整个交互过程中，所以这些对象全都排列在图的顶部，其生命线从图的顶部画到底部。

7.2.1 交互的参与者

在顺序图中，参与者使用带有生命线的对象表示（见图 7-2）。生命线使用垂直的虚线表示，在虚线的顶端是生命线的起始，使用一个带有表达式的矩形框表示，其完整形式为 roleName: Class（见图 7-2c）。对于参与交互的对象，其表示形式有多种，如图 7-2 所示。

可以省略类名，只声明对象名见图 7-2a。也可以省略对象名，只保留类名（冒号需要保留）见图 7-2b。

在顺序图中，对象作为类的实例在整个生命周期中可以充当不同的角色。例如，在大学的系统中，某个人（李敏）在最初只是一个学生，后期她的角色会发生改变，会成为讲师，最后有可能成为教授。每个角色都具有自己的

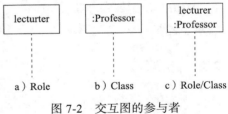

图 7-2   交互图的参与者

职责，能够做某些事情，不能够做某些事情，其职责是很明确的。

生命线表示一个活动的对象，可用于建模进程和线程。活动对象有其自己的控制流，意味着它可以独立于其他对象进行操作。

7.2.2　消息

顺序图是一个二维图，交互的参与者依次罗列在水平轴上，并以清晰的顺序依次排列。纵轴上，交互的消息按照时间顺序依次展开，越靠近生命线顶端的事件，其发生时间越早。

对象间的互相合作与交互表现为一个对象以某种方式启动另一个对象的活动，通过发送消息实现对象相互之间的交互。通常，用从发送者到接收者的箭头表示消息，其主要分类如下。

- **调用**（call）消息：启动某个对象的操作。操作用于实现类所能提供的服务，通常，以对象之间的消息调用，完成具体的服务功能。
- **返回**（return）消息：操作向调用者返回一个值。
- **发送**（send）消息：向一个对象发送一个信号，如同步消息、异步消息。
- **创建**（create）消息：此消息的发送导致目标对象被创建。
- **撤销**（destroy）消息：此消息的发送导致目标对象被撤销。注意，对象也可以撤销自身。

1. UML 中消息的表示形式

在 UML 里，消息用箭头表示，从发送消息的对象指向接收消息的对象。同步消息使用实心箭头表示；异步消息使用枝状箭头表示。在同步消息的场景中，发送者等待接收者返回的确认消息后，才会继续执行下去。返回的确认消息使用带枝状的虚线箭头表示，如果确认消息的内容、确认消息发送或者接收的点，通过上下文能够很容易确认的话，则可以省略返回确认消息，而无需每个消息都画出其相应的确认消息。对于异步消息而言，发送者将消息发送后，会继续执行自己的进程，而无需等待接收者返回确认消息。

消息可以使用名称来标识，并可以带有可选的参数及返回值。其定义形式，与类图中的操作定义规则类似。消息的名字可以直接放在消息箭头的直线上，如果对象的实现类已经确定，则此名字可以标记为实现类的某一具体的操作。例如，C/C++语言里的函数定义等。需要注意的是，当对象接收某个消息时，意味着该对象将调用在类图中其定义的操作。原则上讲，传递的参数应该与类图中操作的定义的参数列表是兼容的。但是，如果你使用参数名称为相应的参数赋值，参数的数量或者顺序都不是必须与操作声明中的参数匹配。

在消息的各种形式中，创建和销毁消息用消息的构造型（«create»、«destroy»）来表示。需要注意的是，不同的建模工具其支撑的构造型类型有所不同，需要在实际建模过程中进行选择。

消息的表现形式如图 7-3 所示。

2. 消息的顺序号

消息的顺序号可作为前缀放在消息的名字前面。如图 7-4 所示。

顺序号有如下两种常见的形式。

- **单调顺序号**（flat sequence）：单调顺序号严格按照消息的发送顺序排列，如 1，2，3，…。

- **过程顺序号**（procedural sequence）：过程顺序号是嵌入式的，当一个消息启

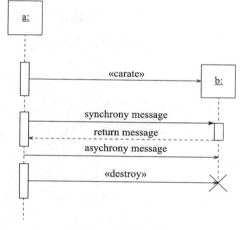

图 7-3　消息的表示

动了另一个消息时，此消息顺序内的各消息就可以重新开始编号。如：消息 1 发送后，启动了其后的一系列消息，则这些消息就可以编号为 1.1，1.2，1.3，…。

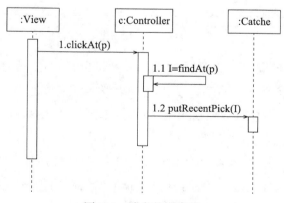

图 7-4　消息的顺序号

7.2.3　控制焦点

当一条消息被传递给对象的时候，它会触发该对象的某个行为，这时该对象就被激活了，系统的控制焦点就集中在该对象上。在生命线上，控制焦点用一个细长的矩形框表示。矩形框本身被称为对象的控制期，表明对象正在执行某个动作，处于活跃（active）状态。矩形的顶部表示动作的开始，底部表示动作的结束。还可以通过将一个控制焦点放在它的父控制焦点的右边来表示控制焦点的嵌套。

7.2.4　语境、对象和角色

交互通常发生在一定的语境、场景中。例如，C/S 系统中 Client 对象和 Server 对象之间有交互，在操作的实现中可以发现对象之间的交互，此外，交互也可以发生在构件、节点之间，或用交互建模某个用例场景中消息交互的动态过程，如图 7-5 所示。

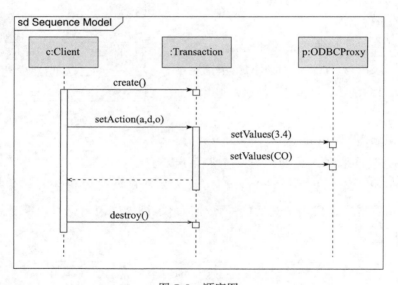

图 7-5　顺序图

参与交互的对象既可以是具体的事物，又可以是角色（原型化的事物）。例如，学生张力、学生王海（具体的事物）；学生甲、学生乙（角色）。

顺序图具有两个重要的特征。第一，顺序图有对象生命线；第二，顺序图有控制焦点。简单的顺序图可以明确建模在某个用例场景中随着时间的流逝对象之间的消息交互过程。但是，当系统功能比较复杂时，需要使用顺序图的高级建模元素建模复杂的消息交互。接下来，我们将详细介绍如何使用各种组合元素建模复杂的顺序图。

7.2.5　组合片段

在顺序图中，可以使用组合片段（combined fragment）建模各种各样的控制结构，如循环、条件、并发等。通过使用组合片段，能够方便、清晰地建模系统的控制结构。在一个模型图中，组合片段由一个左上角带有五边形的矩形表示，在五边形中有相应的关键字指定组合片段的类型。UML 提供了 12 种不同类型的操作符。根据操作符类型，其可能包含一个或多个操作对象，这些操作对象又可能包含交互或其他组合分区，或是对其他顺序图的引用。同一个操作符中不同的操作对象由水平的虚线分开。如图 7-6 所示。

这 13 种操作符被分成 3 组类型（见表 7-1）：分支和循环、并发和顺序、过滤器和断言。

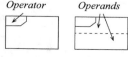

图 7-6　组合片段的示例

表 7-1　组合片段的分类

类型	操作符	目的
分支和循环	alt	替代交互
	opt	选择交互
	loop	迭代交互
	break	异常交互
并发和顺序	seq	弱顺序
	strict	严格顺序
	par	并发交互
	coregion	共同区域
	critical	原子交互
过滤器和断言	ignore	无关的交互部分
	consider	相关的交互部分
	assert	断言交互
	neg	无效交互

表 7-1 是对这 13 种组合片段操作符相应的关键词及语义的总览。

通过为每一个外框指定一个标签，组合分区可以任意嵌套。如图 7-7 的左图所示。或者嵌套的标签可以共享一个外框。在这种情况下，操作符对应的关键字由空格分开。如图 7-7 的右图所示。最左边的操作符 neg 是最外层的标签，最右侧的操作符 critical 是最内层的标签。这两个图在语义上是等价的。

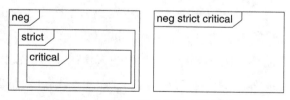

图 7-7　组合片段的不同表示形式

1. 分支和循环

（1）条件执行

条件执行使用标签 alt 表示。用水平虚线把交互区域分割成几个分区，每个分区表示一个条件分支并有一个监护条件。如果一个分区的监护条件为真，就执行这个分区，但最多只能执行一个分区。如果有多于一个监护条件为真，那么选择哪个分区是不确定的，在模型中要尽量避免这种情况。如果所有的监护条件都不为真，那么控制流将跨越这个交互区域而继续执行。其中的一个分区可以使用特殊的监护条件 [else]，这意味着如果其他所有区域的监护条件都为假，就执行该分区。

（2）可选执行

可选执行使用标签 opt 表示。如果控制进入该操作符标识的交互区域时，当监护条件成立时，那么执行该交互区域。监护条件是一个用方括号括起来的布尔表达式，它要出现在交互区域内部第一条生命线的顶端，在其中可以引用该对象的属性。在程序编程语言中，就类似于 if 判断语句，但是没有 else 分支语句。

图 7-8 中是使用 alt、opt 标签的一个例子。当一个学生想要注册报名考试的时候，下面的情况就会出现：1）有报名名额剩余，学生可以报名。2）等待队列有名额剩余，学生需要决定是否进入等待队列。3）如果等待队列也没有剩余名额，学生会收到一个错误消息，注册失败。在图中，等待队列中有剩余名额，学生可以决定选择是否进入等待队列。

（3）循环（迭代）执行

标签 loop 可用于表示循环执行。在交互区域内的顶端给出一个监护条件。只要在每次迭代之前监护条件成立，那么循环主体就会重复执行。一旦在交互区域顶部的监护条件为假，控制就会跳出该交互区域。

（4）中断执行

标签 break 可用于表示中断执行。break 标签和 opt 标签有相同的结构，单个操作对象加上一个监护条件。如果监护条件为真，操作对象里的交互就会执行，周围分区的其他的操作对象就被忽略，接着更高一层的交互会被执行。因此中断执行标签 break 提供了一个简单的类似于异常处理的功能。

如图 7-9 所示，学生在注册一个课程之前需要先登录系统。密码需要被输入至少一次，至多三次。在第一次输入密码后，系统会检测密码是否正确。如果正确，条件 [incorrect password] 就不再为真，loop 循环就停止执行。如果学生输入密码错误超过三次，系统会退出循环。图 7-9 中，当学生输入密码超过三次以后，条件 [incorrect password] 为真，break 分区的内容就会被执行。学生就会收到错误信息，将不能申请注册课程。

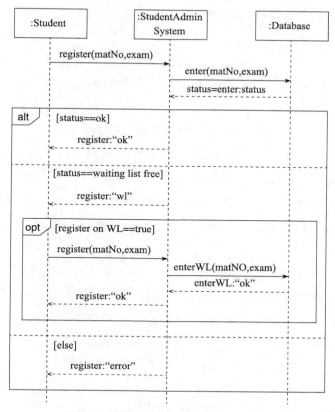

图 7-8 带有 alt 和 opt 片段的顺序图

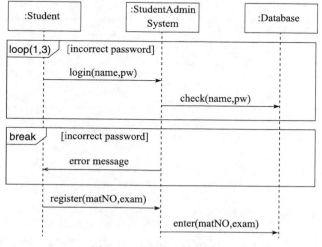

图 7-9 loop 和 break 片段

2. 并发和顺序

正如之前介绍过的，假设在涉及的交互对象之间进行消息传递，纵轴上事件的排列是按照这些事件的时间顺序展开的。接下来我们讨论的组合分区，可以显式地控制事件发生的顺序。

（1）seq 分区

seq 分区代表默认顺序，其至少包含一个操作对象并且表达 UML 标准中指定的顺序。

1）每个操作中事件的顺序在结果中是保持不变的。

2）来自不同操作对象、不同生命线的事件可能会以任何顺序出现。

3）同一生命线上的事件，按照其发生的先后顺序进行了排列。

我们可以同时使用 seq 分区和 break 分区来对消息进行分组。如果 break 分区的条件变为真，seq 分区中尚未被执行的消息就会被跳过，转而执行顺序图中的其他分区。

在图 7-10 中，一个学生想要注册报名考试，如果期望的当天没有空余的位置，则预定另一个日期的考试（break 分区）。在这个案例中，学生没有被老师考核，seq 分区外的顺序图继续执行。不管是否注册成功，讲师发送消息 info() 给学生。如果没有 seq，周围的分区都会成为图的最外层结构，遇到 break 之后所有的执行都将停止。事件 info() 就无法发生。

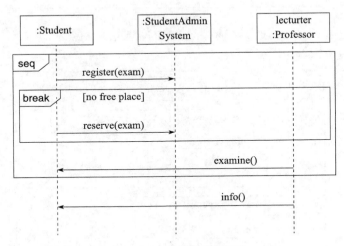

图 7-10　Seq 分区的示例

图 7-11 显示了另一个顺序图的所有可能的路径。这个顺序图显示了弱序（weak order），消息 c 没有按时间顺序连接到 a 和 b，可以与这些消息交叉发生。当 b 被发送到交互方 B，并且被 B 接收，这两个消息之间将有个按时间排列的顺序。总之，e 是最后的消息。为了更加详细地说明图 7-11 的消息交互过程，我们给出了其对应的消息执行轨迹，如图 7-11 的右部所示。

（2）strict 分区

strict 分区描述了有严格顺序的交互，与 seq 分区相比，strict 分区要求的顺序更加严格。在不同操作对象之间，事件发生的顺序是很明显的，即使交互双方没有消息交换，纵轴上方的操作对象的信息总是比纵轴下方的操作对象的信息先交换。

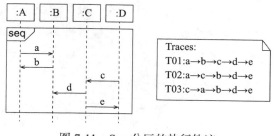

图 7-11   Seq 分区的执行轨迹

在 7-12 中，只有当学生已经报名考试的时候，讲师才会打印对应的试卷。如果建模过程中没有指定 strict 分区，讲师可能在学生报名考试之前就打印了试卷。

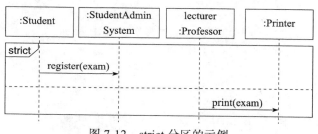

图 7-12   strict 分区的示例

（3）par 分区

在顺序图中，par 操作符用于建模并发执行。也就是说，不同操作对象里的事件的顺序是不相关的。因此 par 操作符至少有两个操作对象。操作对象内部的顺序必须被遵守，即每个操作对象都有自己的本地时间轴而且都应该被遵守。

在图 7-13 中，在课程刚开始的时候，讲师需要回答学生的提问，宣布考试时间，预定考试地点。因此讲师必须与不同的人和系统交互。par 分区可用于建模这些活动的并发执行。但是，一个操作对象内部的消息顺序是相对固定的。比如学生不会先报名注册课程，再查询课程。

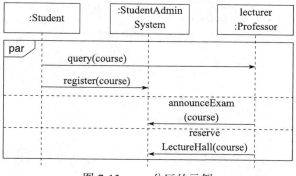

图 7-13   par 分区的示例

（4）共同区域（coregion）

此外，可以使用共同区域来建模消息的并发执行。共同区域允许为单个生命线建立并发的事件。共同区域事件发生的顺序是不受限制的，尽管它们被安排在同一条生命线上。在对象的生命线上，使用旋转 90° 的方括号表示共同区域覆盖的区域，表示该区域中的事件发生顺序是不受限的，如图 7-14 所示。

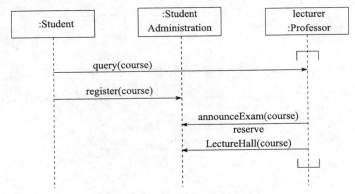

图 7-14   coregion 分区的示例

从语义上来说，图 7-13 和图 7-14 的含义是等价的。

（5）critical 分区

为了确保交互的重要部分不被意外的事件打断，可以使用 critical 分区来表示。它可用于在顺序图中标记原子操作。

在图 7-15 的例子中，消息 getExamDate 和 register 在一个 critical 分区中，这就保证了在请求考试时间和报名注册考试之间，没有任何事件会发生，是原子操作。

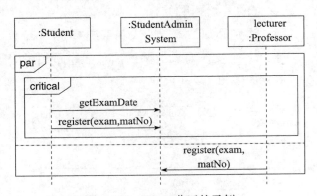

图 7-15   critical 分区的示例

3. 过滤器和断言

通常，一个顺序图并没有描述一个交互的所有方面。但在大多数情形中，有很多被允许但没有被描述的路径可能会发生。有时候，你必须记录所有可能发生的路径或那些不允许被执行的路径。总之，一个顺序图包含有效的路径、无效的路径还有未被指定的路径。过滤器和段言片段定义了三种情形：

1）消息可能会发生，但是与系统的描述无关。

2）消息必须发生。

3）消息不允许发生。

UML 标准规范中关于过滤器和断言分区的描述非常简单，这也进一步体现了 UML 作为一种可视化的建模语言，其语义不够精确，有些地方会引起歧义的特点。接下来我们会尽可能地依照 UML 的标准，给出这些分区的分类。

（1）ignore 分区

不相关的消息用 ignore 分区表示，这些消息在运行时可能发生，但是对模型中描述的功能没有多大影响。不相关的消息被放在花括号（集合符号）中表示，跟在关键字 ignore 的后面。

在图 7-16 中，消息 status 被包含在不相关消息的集合中。它只被用来实现服务器 – 客户端的交互，与实际的功能呈现没有多大关系。

（2）consider 分区

相反，consider 分区对于当前考虑之中的交互非常重要。这些消息同样被放置在关键词后面的集合符号中（见图 7-17）。所有出现在 consider 分区中，但是没有被指定在不相关消息的集合中的消息，将自动被归类为不相关的。图 7-17 和图 7-16 是等价的。

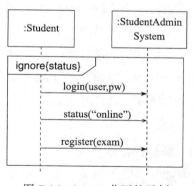

图 7-16　ignore 分区的示例

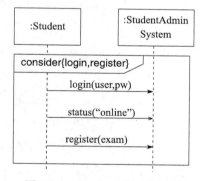

图 7-17　consider 分区的示例

（3）assert 分区

assert 分区用于将特定的路径标识为强制的。这就表示实现过程需要精确的建模而且模型应该满足完整的规范。

图 7-18 是一个 assert 的应用例子。当一个学生在学生管理系统上注册报名考试，报名完后，学生会收到一封邮件。如果没有精确地按照指定的顺序来实现，就会产生错误。

（4）neg 分区

当需要建模一个无效的交互场景时，可以使用 neg 分区。也就是说可以使用 neg 分区描述不允许发生的消息交互。neg 分区只包含一个操作对象。可以使用这个分区显式地表示频繁出现的错误和描述关键的、错误的顺序。由于可能参与交互的事件数量没有限制，所以使用 neg 分区覆盖所有的不符合需要的情形是不切实际的。

例如，在图 7-19 中，学生不能直接向讲师报名参加考试。

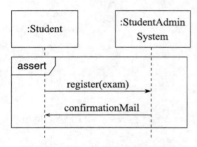

图 7-18   assert 分区的示例

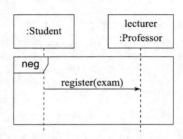

图 7-19   neg 分区的示例

7.2.6   时间约束

时间约束指定了事件发生的时间或两个事件之间的时间间隔。时间约束可放在花括号中表示。时间表达式表示一个具体的时间规范，如 {12:00}，或表示一个计算规则，如 {12:00+d}。可以用关键词 at 指定一个绝对时间（absolute time），如 {at(12:00)}。相对时间通过引用一个开始事件来指定，使用的关键词是 after，如 {after(5sec)}。

也可以定义时间间隔。一个时间间隔包含一个有上下限的表达式并被放在花括号中表示。例如，{12:00, 13:00} 可以表示一个事件发生在 12:00 到 13:00 之间。

关键词 now 用于指定当前的时间，它可以被分配给任何属性。例如，t=now。一般可以在任何时间限制中使用这个属性，如 {t, t+5}。

建模消息传输所耗费的时间可使用关键字 duration 进行标识。

可以使用时间标记（timing mark）来为事件附加一个时间约束，在图中用短横线表示。如果一个时间约束指向两个事件，则定义了两个事件之间的间隔时间，需要使用两个时间标记来指定这个持续时间。

图 7-20 描述了时间约束的例子。该顺序图描述了学生和讲师通过论坛进行交流。论坛在 12:00 给学生发了信件。在 t 时刻，一个学生发布了一条消息 m1，5 个时间单位之后，学生收到通知，信息正在被发布。最大时间间隔（两个小时）过后，学生收到来自讲师的回应。如图 7-20 所示的顺序图的显著特点是，在基本的顺序图

上增加了时间约束信息，用于明确地建模事件发生的顺序、事件交互需要满足的时间约束。在有些文献中，将这种带有显示时间约束的顺序图称为时间顺序图，常用于建模实时系统。

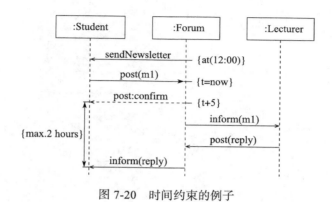

图 7-20　时间约束的例子

7.3　通信图

通信图描述的是与对象结构相关的信息，强调的是参加交互的各对象的组织结构。UML 通信图显示了一系列对象和这些对象之间的联系以及对象间发送和接收的消息。

通信图常用于建模交互中有意义的对象和对象之间的链，用于建模系统的动态情况。顺序图与通信图在语义上是等价的，因此，可以将顺序图转换为等价的通信图，反之亦然。

在 UML 的模型图中，通信图用几何排列来表示交互作用中的对象和链，附在链上的箭头代表消息，消息的发生顺序用消息箭头处的编号来说明。

通信图由对象、链以及链上传递的消息构成。通信图的具体表示形式如图 7-21所示。

对象通常是命名或匿名的类的实例，也可以代表其他事物的实例，如协作、组件和节点。链接用来在通信图中关联对象，链接的目的是让消息在不同系统对象之间传递。没有链接，两个系统对象之间无法彼此交互。

与顺序图一样，通信图上的参与者也能给自己发送消息，称为自反消息。通信图中的消息也可以分为 3 种类型：同步消息、异步消息和简单消息。

与顺序图中的消息类似，消息也可以由一系列的名称和参数组成。但是与顺序图不同的是，通信图中的每个消息之前使用数字序号表示通信图上的次序，而顺序图中默认按照时间顺序，消息在对象的生命线上依次展开，处于生命线顶部的消息最先发生。图 7-21 是通信图的示例，显示了对象之间的消息交互，强调交互对象之间的拓扑结构。消息发送的顺序由消息前的数字序号标识。

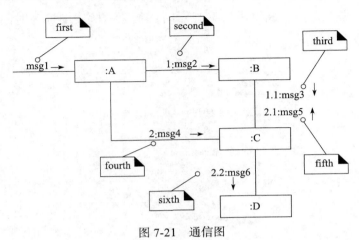

图 7-21　通信图

总之，通信图有两个不同于顺序图的特征。

第一，通信图有路径信息。可以根据关联关系画一个路径，也可以根据局部变量、参数、全局变量和自访问描述路径。路径表示消息在对象之间传递的过程，即消息交互、执行的过程。

第二，通信图中有序号。为表示消息发生的时间顺序，可以给消息加一个数字前缀，在控制流中，每个新消息的序号单调增加。为了显示嵌套，可使用杜威十进分类号（1 表示第一条消息，1.1 表示嵌套在消息 1 中的第一条消息）。嵌套可为任意深度，但是通常嵌套 3 层即可，以便阅读。还要注意的是，沿同一个链，可以显示许多消息，并且每条消息都各有唯一的序号。

7.4　常用建模技术

7.4.1　按时间顺序对控制流建模

采用这种技术建模时，既要考虑存在于系统、子系统、操作或者类的语境中的对象，也要考虑参加一个用例或协作的对象和角色。对这些对象和角色的消息交互建模时，使用交互图。如果强调按时间顺序展开的消息交互时，则选择使用顺序图。如果是强调对象之间的拓扑组织结构，则选择使用通信图。两者在表示方法上截然不同，但是语义上是等价的。

按时间顺序对控制流建模，应该遵循如下建模原则：

1）首先明确交互发生的语境，即需要明确交互发生的上下文环境，不管它是系统、子系统、操作、类，还是用例或协作的脚本。明确语境能够帮助获取待建模系统的上下文信息。

2）通过识别有哪些对象在交互过程中扮演了哪些角色而设置交互的场景。将它们从左到右排列在顺序图的上方，比较重要的对象放在左边，与它们邻近的对象放在右边。

3）为每个对象设置生命线，表示对象的生命周期。在多数情况下，对象存在于整个交互过程中。对于那些在交互期间创建和撤销的对象，在适当的时候设置它们的生命线，使用带构造型的消息显式地标明它们的创建与撤销。

4）从引发这个交互的消息开始，在生命线之间画出从顶到底依次展开的消息，显示每个消息的特性（如它的参数）。注意，是按照事件发生的时间顺序展开。

5）如果需要可视化地显示消息的嵌套，或明确建模消息发生时的时间点，则用控制焦点修饰每个对象的生命线。

6）如果需要说明时间的约束，则使用合适的时间约束表示详细的时间信息。

7）如果需要更加形式化、准确地说明这个控制流，则为每个消息附上前置条件和后置条件。

8）一个单独的顺序图只能显示一个控制流。一般来说，将会有多个交互图，其中一些是主要的，另一些显示的是可选择的路径或异常处理路径。可以使用包来组织这些顺序图的集合。

例如，如图 7-22 所示的顺序图描述了一个双方打电话的场景。在这个抽象场景中涉及四个对象：两个通话者 s 和 r，一个未命名的电话交换机 Switch，还有一个是 c，它是两个通话者之间的交谈（Conversation）的实例。

这个消息序列从通话者 s 发送一个信号（liftReceiver）给对象 Switch 开始。接下来，Switch 给 Caller 发送 setDialTone，而 Caller 迭代地执行消息 dialDigit。注意，就像约束所说明的那样，这个消息的执行不能超过 30 秒。这张图并不代表如果超出这个时间约束会发生什么。如果想表示就需要包含一个分支或另一个完全独立的顺序图。对象 Switch 接下来调用它自己以执行 routeCall 操作，然后创建一个 Conversation 对象 c，把剩余的工作分配给它。尽管这个在交互中没有显示，但 c 还应在电话付款系统中担负更多职责。Conversation 对象 c 发送振铃信息 ring（）给通话者 r，后者发送异步消息 liftReceiver。然后 Conversation 对象告诉 Switch 去接通（connect）电话，并告诉两个 Caller 对象连接成功，在这之后他们就可以通话了，如附加的注解所示。

交互图可以在序列的任意点开始和结束。一个完整的控制流轨迹肯定是相当复杂的，因此将一个较大的交互图分为几部分放在不同的图中，能够有效缓解模型图过于复杂、难于理解的问题。在实际建模过程中，你可根据建模的具体场景建模顺序图，并注意控制顺序图的复杂度。如果信息过于复杂，可考虑对其进行拆分，画成多个子顺序图。感兴趣的读者可以尝试画出与图 7-22 语义上等价的通信图。

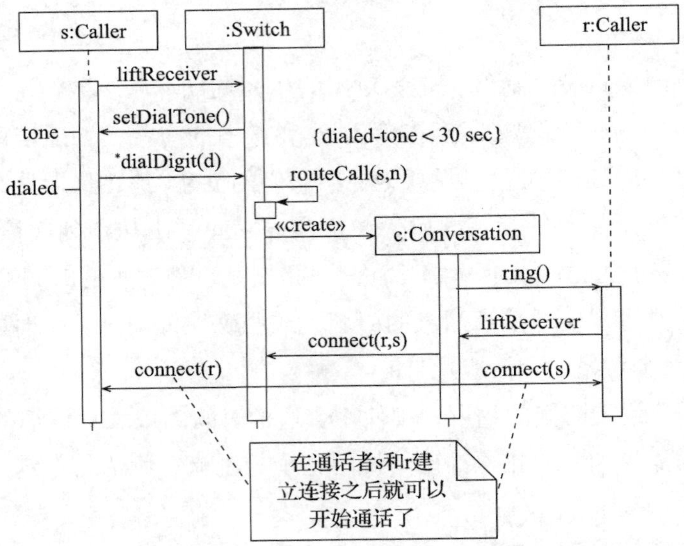

图 7-22　打电话场景的顺序图

7.4.2　按组织结构对控制流建模

当强调某一场景中对象在结构的语境中的消息的传送时，使用交互图的另外一种，即通信图。

按组织结构对系统的控制流建模，在构建通信图时要遵循的原则如下：

1）分析消息交互发生的语境，它可能是一个系统、子系统、操作、类或者用例。

2）分析参与交互的场景中的角色、对象，将它们作为图的顶点放在通信图中，较重要的对象放在图的中央。

3）建模这些对象之间传递消息的链。注意链是类之间的关联关系的实例化。这些链是最主要的，因为它们代表结构的连接。

4）然后安排其他的链，可使用注释对它们进行修饰说明，显式地建模这些对象是如何互相联系的。

5）从引发这个交互的消息开始，将随后的每条消息附加到适当的链上，并为其设置消息的序号。

6）如果需要说明时间约束，则用时间标记修饰每条消息。

7）如果需要更形式化、精确地说明、规约控制流，则为每条消息附上前置条件和后置条件。

8）像顺序图一样，一个单独的通信图只能显示一个控制流（尽管你可以用 UML 对迭代和分支的表示法来显示简单的变体）。一般来说将有多个通信图，其中一些是主要的，另一些显示的是可以选择的路径或异常条件。可以使用包图来组织这些通信图的集合，并为每个图取一个合适的名字，以便区别于其他的图。

例如，图 7-23 所示的通信图描述了学校里登记一个新生信息的控制流，它强调这些对象间的结构组织关系。有 4 个角色参与了交互：一个登记代理 r，一个学生 s，一个课程 c 和一个未命名的学校角色 School。活动从 RegistrarAgent 创建一个 Student 对象开始，并把学生加入到学校中（用 addStudent 消息），然后告诉 Student 对象自己去登记。Student 对象调用自己的 getSchedule，得到一个必须注册的 Course 对象集合，然后把自己加入到每个 Course 对象中。

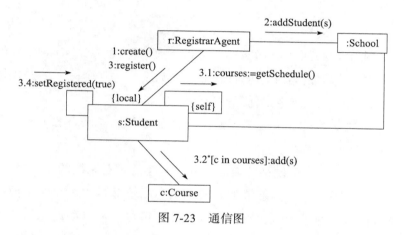

图 7-23　通信图

7.4.3　建模元素总结

为了方便大家理解顺序图的建模元素，现将顺序图的建模元素总结如下：

名称	图符表示	描述
生命线	r:C　　Ａ	通信过程中涉及交互的参与者
终止事件	✕	交互的参与者被终止
控制片段	…[…]	控制结构、组合片段
同步消息		发送者等待返回消息
返回消息（响应消息）		响应同步消息
异步消息		发送异步消息后，对象继续执行自己的动作，无需等待返回消息

7.4.4　正向工程和逆向工程

对顺序图和通信图都可以进行正向工程（从模型产生代码），尤其是当图模型的语境是一个操作时就更容易实现模型到代码的转换。例如，使用前面的通信图，一个支持正向工程的工具便可以生成操作 register 所对应的 Java 代码，并附加到 Student 类中。

```
public void register() {
CourseCollection courses = getSchedule();
    for (int i=0;i<courses.size();i++)
        courses.item(i).add(this);
        this.register=true;
}
```

该代码生成工具必须认识到 getSchedule 要返回一个 CourseCollection 对象。它可以通过观察这个操作的特征标记而做出这一判断。用一个标准的迭代操作遍历这个对象的内容，代码就能产生出任意数量的课程。

对顺序图和通信图也都可能进行逆向工程，尤其是当代码的语境是一个操作体时就更容易进行逆向工程。

然而，比从代码到一个模型的逆向工程更有趣的是对系统的交互模型进行模拟。例如针对某个交互模型，工具能够随着图中消息的传递过程，在一个模拟环境中对它们进行模拟执行。通过模拟执行消息的交互，可再现消息的动态执行过程，方便设计者分析模型。

7.5　小结

交互模型分为顺序图和通信图两种，它们常用于对系统的动态行为进行建模。顺序图强调对象之间的消息交互，按照时间顺序依次展开，而通信图强调对象之间的拓扑结构，由对象一起协同完成系统的某一功能。在多数情况下，它们能够对类、接口、构件和节点的具体的或原型化的实例以及它们之间传递的消息进行建模。在顺序图的建模中，要学会灵活运用各种分区结构，建模各种形式的控制流。

习题

1. UML 中的交互图有两种，分别是顺序图和通信图，请分析一下两者之间的主要差别和各自的优缺点。
2. 一个对象和另一个对象之间通过消息来进行通信。消息通信在面向对象的语言中即（　　）。
   A. 方法实现　　　　　　　　　　　B. 方法嵌套
   C. 方法调用　　　　　　　　　　　D. 方法定义

3. 顺序图由类角色、生命线、激活期和（　　　）组成。

    A. 关系　　　　　　　　　　　　　　B. 消息

    C. 用例　　　　　　　　　　　　　　D. 实体

4. 顺序图反映对象之间发送消息的时间顺序，它与（　　　）是同构的。

    A. 用例图　　　　　　　　　　　　　B. 类图

    C. 通信图　　　　　　　　　　　　　D. 状态图

5. 顺序图是强调消息随时间顺序变化的交互图，下面不是用来描述顺序图的组成部分的是（　　　）。

    A. 类角色　　　　　　　　　　　　　B. 生命线

    C. 激活期　　　　　　　　　　　　　D. 消息

    E. 转换

6. 关于通信图的描述，下列不正确的是（　　　）。

    A. 通信图作为一种交互图，强调的是参加交互的对象的组织

    B. 通信图与顺序图在语义上是一致的，两者都可用于表示消息的交互

    C. 通信图中有消息流的顺序号

    D. 通信图是顺序图的一种

7. 顺序图和通信图中消息有哪三种？各自表示什么？

8. 交互模型主要包括哪些类型？分别用于建模的场景具有什么样的特征？

9. 时序图主要用于建模某一场景中对象之间的消息交互，请谈谈你的理解，谈谈时序图与交互图之间的区别是什么。

10. 查阅相关文献，了解在软件开发过程中如何基于顺序图生成系统的测试用例。

第8章 活动图模型

活动图聚焦建模系统的业务流程、操作过程，用于建模不同活动之间的控制流。在 UML 2.0 中，活动图使用面向流的语言中的概念，定义业务流程。活动图的主要特点是使用顺序、选择、循环等控制结构，建模活动之间的控制流。活动图被广泛应用于建模系统的业务流程。

本章要点如下：

- 掌握活动图的基本概念：活动、动作、控制流、对象流。
- 掌握如何使用活动图建模业务流程。
- 掌握活动图的建模原则。

8.1 概述

活动图（activity diagram）是一种用来描述程序逻辑、业务流程和工作流的模型图。活动图着重于建模过程处理，它指定各个步骤（实现活动所需要的活动）之间的控制流和数据流。在很多方面它们类似于流程图，但与流程图也有本质上的区别，即活动图支持并发活动。

活动图的一个特性就是它不仅支持面向对象的建模，而且支持非面向对象系统的建模，这样就可以独立于对象定义系统的活动。例如，既可以为函数库建模，也可以为业务流程和现实世界的组织建模。

图 8-1 向我们展示了一个活动图的例子。图中初始节点是活动图的开始，执行 Receive Order 的动作，这之后出现了分支，它有一个输入流和两个并行的输出流。

图 8-1 中 Fill Order、Send Invoice 和它们随后的行为并行发生。从本质上来讲，这意味着它们之间的顺序先后是无关紧要的。此外，活动执行过程中可使用判断节点（decision）进行分支选择。

活动图允许选择行为发生的顺序。换句话说，该图规定了我们在执行某个过程时要遵循的必要顺序，这种方法对业务建模意义重大，因为业务建模经常会有并发运行的情况。

8.2 基本概念

8.2.1 活动

活动图允许以活动的形式来指定用户定义的行为。从一个非常详细的层面上来

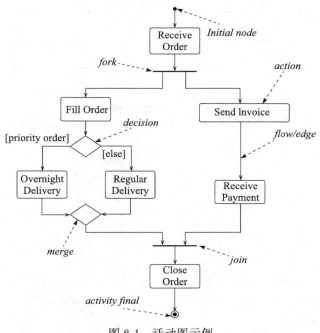

图 8-1　活动图示例

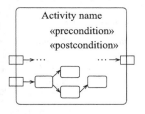

图 8-2　活动

说，它可以用单个指令的形式定义操作的行为，可以为业务流程的功能建模。业务流程定义了业务合作伙伴之间如何相互交互才能实现他们的目标。此外，它还可以描述公司内部的流程。总之，它可以在不同抽象层次上建模系统的行为。如图 8-2 所示。

　　活动是一个有向图，节点代表活动的组成，如动作、数据存储和控制元素。边代表控制流或者对象流，就是活动可能执行的路径。

　　活动用圆角矩形表示，类似地，设计者可以为活动命名。为了增加模型的可读性，通常把输入元素放在活动的左边界或上边界处，输出元素放在下边界或者右边界处。这样就可以从上到下或者从左到右读取活动。经由输入参数传递到活动的值可被那些通过有向边连接到输入参数的动作所获取。同样，输出参数可以通过有向边从活动中的动作接收。如图 8-3 所示为一个活动的详细描述。

　　图 8-3 显示了参加考试活动 Take exam 执行所需要的步骤。输入参数是学生的学号 matNo 和课程 ID，活动 Register、Write exam 和 Correct 被顺序执行，Take exam 活动的输出结果是成绩。你可以为一个活动指定前置条件 «precondition» 和后置条件 «postcondition»。这些条件表明了在活动执行之前或执行之后需要满足的约束条件。在图中，参加考试的学生必须是被录取的学生，考完试后学生必将得到等级评分。

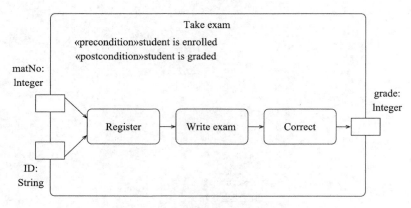

图 8-3　详细的活动描述

8.2.2　动作

在一个用活动图建模的控制流中，可能要计算一个设置属性或返回某个值的表达式，也可能要调用一个对象的操作，发送一个信号给对象，甚至创建或撤销一个对象。这些可执行的原子计算即称为动作（Action）。在图形上，动作被表示为圆角矩形，其内部可以是一个简单动作名称，也可以是一个表达式。如图 8-4 所示。

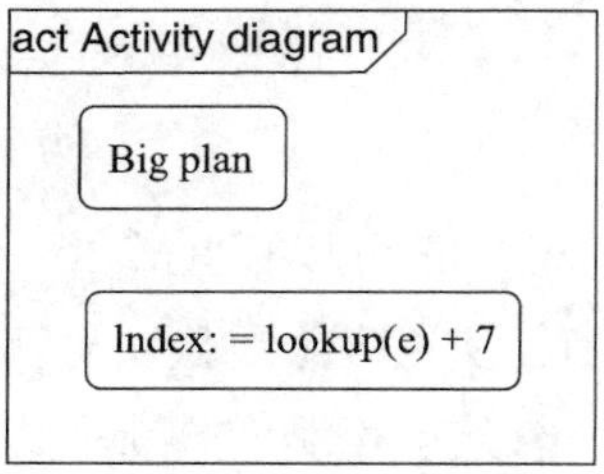

图 8-4　动作

通常，动作有如下特点：

1）动作是原子的，它是构造活动图的最小单位。

2）动作是不可中断的。

3）动作是瞬时的行为。

4）动作可以有入转换，入转换既可以是动作流，也可以是对象流。动作至少有一条出转换，这条转换以内部的完成为起点，与外部事件无关。

5）动作与状态图中的状态不同，它不能有入口动作和出口动作，更不能有内部转移。

6）在一张活动图中，动作可以出现在多处。

通常，活动是由一组动作组成的。根据动作的不同使用场景，将动作分为以下几类。

1. 基于事件的动作

基于事件的动作能够支持传输对象和信号到接收对象，可用于区分不同类型的事件。你可以使用一个接收事件动作建模某一个等待特定事件发生的操作。接收事件动作的符号表示是一个凹五角形（带有从左指向内的尖端的矩形）。如果事件是基于时间的事件，则可以使用接收时间事件动作，符号表示是个沙漏。如图 8-5 所示。

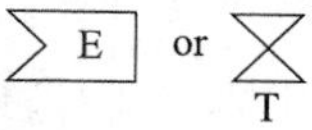

$$\boxed{}\!\!\!\!\!\gt\;\; E \quad or \quad \bowtie$$
T

图 8-5　接收（时间）事件动作

接收（时间）事件动作不一定有入边，如果它们没有入边，当相关的事件发生的时候，它们就启动。它们保持活跃并接收信号直到包含它们的活动结束。

图 8-6 展示了三个接收事件的例子：图 8-6a 表示任何时候火警警报被触发，就需要疏散礼堂。图 8-6b 表示每个学期结束的时候，就颁发证书。图 8-6c 中，一个学生参加考试，等待成绩并且在拿到成绩的时候，检查试卷。

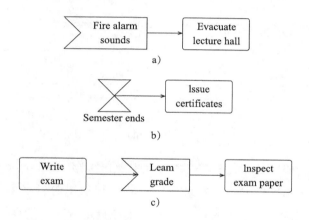

图 8-6　接收事件动作（a 和 c）及接收时间动作（b）

此外，还有发送信号，可以使用发送信号事件，发送信号事件在图符上使用凸五边形表示。如图 8-7 所示。

图 8-7　发送信号动作

2. 调用操作动作

动作可以自己调用活动，称为调用操作动作（call operation action），用一个倒置的叉子符号表示，这个叉子符号表明了操作的层次结构。它表明操作的执行可以启动另一个活动，这样就把系统分为各个不同的部分，类似于嵌套结构，能够方便地建模复杂系统的抽象层次。

图 8-8 展示了一个调用动作的例子。在 Organize exam 活动中的 Issue certificate 操作指向一个活动，这个活动更详细地显示了 Issue certificate 的详细操作步骤，如图 8-8b 所示。在 Organize exam 活动的上下文中，导致证书颁发的内部步骤是无关紧要的，因为 Issue certificate 被看作成一个原子操作，尽管它涉及多个动作的过程。被调用活动的内容可以在本活动图或是另一个活动图里其他地方被描述。图 8-8b 中就显示了带有输入参数 grade 的被调用活动 Issue certificate 的细节。

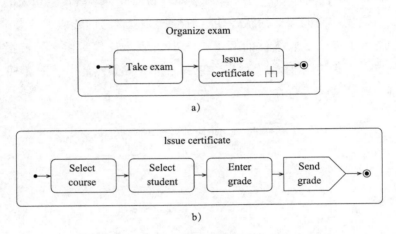

a)

b)

图 8-8   调用动作（a）和发送信号动作（b）

动作还可以触发操作的调用，被称为调用操作动作（call operation action）。它用圆角矩形表示，如图 8-9 所示。如果操作的名字和动作的名字不匹配，操作的动作可以用"（ClassName::operationName）"的形式被指定在动作的名字之下。

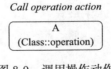

图 8-9   调用操作动作

8.2.3 活动节点

活动节点（activity node）用来建模由活动指定的行为。一般而言，活动节点会持续一段时间，可以把动作看作活动节点的特例。

两个或多个活动节点的相对执行顺序受活动边所表示的关系的明确限制。如果两个活动节点不是由活动边来确定顺序，那么就可能出现了并发运行的情况。

活动节点被分为三类，分别是：控制节点、对象节点和可执行节点。

接下来我们将着重讲解每一种活动节点。

1. 控制节点

控制节点（control node）是一种用于管理其他节点之间的流的活动节点。控制节点的类型包括初始节点和终止节点、分叉与汇合节点、分支与合并节点。

（1）初始节点和终止节点

初始节点（initial node）是一个活动执行的起始点。一个活动可能有不止一个初始节点，如果不止一个初始节点，调用活动时会启动多个并发的控制流，每个控制流对应于各自的初始节点。在图形上，初始节点被表示为一个实心圆，如图 8-10 所示。

终止节点（final node）表示一个活动的结束。终止节点分为活动终止节点（activity final nodes）和流程终止节点（flow final nodes）。活动终止节点表示整个活动的结束，而流程终止节点表示子流程的结束。活动终止节点被表示为一个空心圆里有一个实心圆，流程终止节点被表示为一个带有"×"的圆，具体画法如图 8-11 所示。

活动终止节点　　流程终止节点

图 8-10　初始节点　　　　　　　图 8-11　终止节点

（2）分叉与汇合节点

分叉节点（fork node）将控制流分成多个并发流。分叉节点必须有一个明确的输入活动边，虽然它可能有多个输出活动边，如果输入边是控制流（具体介绍见 8.2.4 节），那么所有的输出边也应该是控制流，同样的，如果输入边是对象流（具体介绍见 8.2.5 节），那么所有的输出边也必须是对象流。

汇合节点（join node）用于同步多个流。汇合节点只有一个输出活动边，但可能有多个输入边。如果汇合节点的所有输入边都是对象流，那么输出边也应该是对象流，这对于控制流也同样适用。

如图 8-12 所示是一个分叉与汇合的例子，初始活动分叉为两个并发的活动，执行完成后，两个并发活动又汇合在一起，活动流程最终结束。

（3）分支与合并节点

分支节点（decision node）是在即将离去的流之间做出选择的节点，一个分支节点可以有一个进入流和两个或多个输出流。

合并节点（merge node）是汇集了不同步的多个流的控制节点。一个合并节点须有一个确切的输出活动边，但可能有多个输入活动边。

分支与合并节点都用菱形来表示，如图 8-13 所示是一个简单的例子。

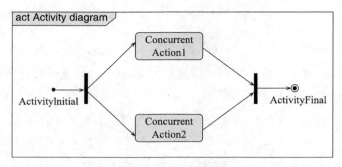

图 8-12　分叉与汇合

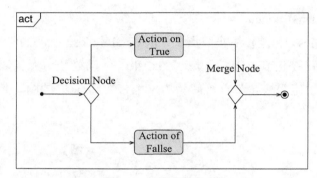

图 8-13　分支与合并

2. 对象节点

在活动执行过程中，对象节点（object node）表示含值对象的活动节点。对象节点是一种用于保存执行过程中对象属性值的活动节点。它主要包含**中央缓冲节点**（central buffer node）和**数据存储节点**（data store nodes）。

中央缓冲节点用来管理有多个源和目的流的活动节点，它充当多个从其他对象流入和流出的流的缓冲，但不能直接连接动作，常用于建模传统的缓冲机制。

数据存储节点是一个用于定义永久存储数据的元素。一个数据令牌进入一个数据存储节点是永久存储，更新已经存在的数据令牌。一个从数据存储节点出来的数据令牌是复制数据副本。

使用对象流连接到数据存储，可用于表示值或信息在节点间传递。选择和转换行为共同组成了查询的分类，可以指定数据存取的本质。选择行为通过和数据存储的连接决定哪些对象受影响。转换行为可进一步指出一个选中对象的属性值。

中央缓冲节点表示时，可以有选择性地包含关键字 «centralBuffer»，如图 8-14 所示。

数据存储节点表示时，包含关键字 «datastore»，然后可以标注其名字和所处的状态，如图 8-15 所示。

图 8-14　中央缓冲节点

图 8-15　数据存储节点

3. 可执行节点

可执行节点（executable node）表示执行活动的实质性行为。

异常处理活动可用于识别活动执行的非正常完成情况，例如系统执行过程中，产生了异常终止。如果在可执行节点执行时引发异常（如 RaiseExceptionAction）且不被处理，那么执行终止，异常被传出可执行节点。

一个可执行节点可能有一到多个异常处理程序，它相当于一种保护节点。如图 8-16 所示是异常处理的表示方法。

活动边（activity edge）是用于两个活动节点之间的有向连接，它分为两大类，一个是控制流，另一个是对象流。控制流用于建模系统的执行流程，是 UML 活动图所要建模的主要对象，而对象流用于建模在活动执行过程中，活动节点改变对象状态的方式（如某个变量的取值变化）。

8.2.4　控制流

控制流（control flow）是动作之间的转换，它被用来明确表示活动节点的顺序执行，因为目标活动节点只有在源活动节点完成执行之后，才能接收控制命令并执行后续步骤。在图形上表示为带箭头的直线，箭头的方向指向活动转入的方向。如图 8-17 所示是控制流的表示例子。

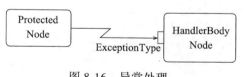

图 8-16　异常处理

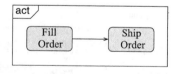

图 8-17　控制流

8.2.5　对象流

对象可以被包含在与活动相关的控制流中，即把活动图中涉及的事物（对象）放置在活动图中，并用箭头将它们连接到产生或使用这些对象的活动节点上。

对象流（object flow）是动作或者活动与对象之间的依赖关系，表示动作使用对象或动作对对象的影响。用活动图描述某个对象时，可以把涉及的对象放置在活动图中并用一个依赖将其连接到进行创建、修改和撤销的动作或者活动上，对象的这种使用方法就构成了对象流。对象流用于描述一个对象值从一个动作流向另一个动作，对象流中的对象有以下特点：

● 一个对象可以由多个动作操作。

● 一个动作输出的对象可以作为另一个动作输入的对象。

● 在活动图中，同一个对象可以多次出现，它的每一次出现表明该对象正处于
  对象生命期的不同状态。

对象流同样用带箭头的实线表示。如果箭头是从动作节点出发指向对象，则表
示动作向对象进行了某些操作或者动作作用于对象，并将导致对象的变量取值发生
变化，包括创建、修改和撤销等。如果箭头从对象指向动作状态，则表示该动作使
用对象流所指向的对象作为动作的操作对象。如图 8-18 所示：其中，Fill Order 活动
将对 Order 对象进行相应的操作，而 Order 对象又将作为输入，由 Ship Order 进行相
应的操作。

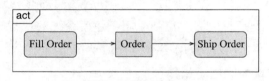

图 8-18　对象流

除了可以在活动图中显示对象流之外，也可以显示对象状态是如何变化的。通
过在对象名下面的方括号中标识对象当前所处的状态，表示对象当前的状态信息，
这样，在建模过程中可以明确表示随着动作的执行，哪些对象受到了影响，其状态
是如何变化的。由此，我们可以看到活动图提供了控制流和对象流、建模活动的执
行流程以及在执行过程中活动是如何影响对象的状态变化。

8.2.6　泳道

通过将一个活动图中的活动节点进行分组，每一组表示负责那些活动的业务实
体，这种按照职责分组的方式能够有效、明确地建模系统的职责划分。每个分组称
为一个泳道，因为从视觉上每组用一个垂直的实线把它与邻居分开。图 8-1 所示的
活动图描述了业务流程中活动的执行顺序，却无法详细描述由谁来执行这些活动，
如果你想显示谁做了什么，可以在活动图上增加泳道，明确建模活动是由哪些对象
完成的。这种通过在活动图上增加泳道、表示职责的方式所得到的模型图称为泳
道图。

每个泳道在图中都有一个唯一的名称。泳道可能代表现实世界的某些实体，例
如，公司内部的某个机构单元，除此以外，它没有很深的语义。在一个被划分为泳
道的活动图中，活动严格地属于对应的泳道，而转移可以跨越泳道。

图 8-19 展示了一个简单的泳道图，它在图 8-1 的基础上做了修改，说明了参与订单处理的动作、职责如何在各部门之间进行划分。

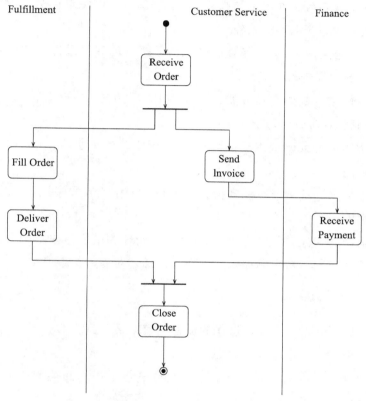

图 8-19 订单处理的泳道图

8.3 建模技术

活动图常用于建模系统的动态方面，这些动态方面可能涉及系统体系结构的任意视图中的任何抽象类型，包括类（含主动类）、接口、构件。通常，我们使用活动图建模整个系统、子系统或操作。使用活动图的常用建模场景如下。

8.3.1 建模系统的业务流程

活动图常用于建模系统的业务流程。建模的时候，可以使用带有泳道的活动图。每一条泳道表示一个职责单位，通过使用泳道，能够有效地体现出所有职责单位之间的工作职责，业务范围及相互之间的交互关系、信息流程。此时，要关注与系统进行协作的参与者所观察到的活动。通过这种方式，活动图被用于可视化、详述、构造和文档化待开发的系统所涉及的业务过程。

使用活动图建模业务流程时，应遵循以下策略：

- 针对特定的应用场景所涉及的工作流进行建模，分层次建模系统所涉及的各个工作流。
- 选择一些参与到工作流中的业务对象，并为每个重要的业务对象创建一条泳道，显示地建模系统的职能划分。
- 识别工作流初始节点的前置条件和活动终点的后置条件，这可有效地实现对工作流的边界进行建模。
- 从该工作流的初始节点开始，建模随时间发生的动作和活动，并在活动图中把它们表示成活动节点。
- 将复杂的活动或多次出现的活动集合归到一个活动节点，并通过子活动图来表示它们。
- 找出连接这些活动节点的转换，首先考虑工作流的顺序执行，然后考虑分支、分岔和汇合。
- 如果需要建模工作流中某个活动节点所处理的重要对象，则可以使用对象流建模这些对象，将它们加入活动图中，描述对象的状态变化情况。

8.3.2　建模复杂的操作

活动图可用于建模一个复杂操作的流程图或者某个算法的流程图。

对操作建模时，应遵循以下原则：

- 收集操作所涉及的抽象概念，包括操作的参数、返回类型、所属类的属性以及某些邻近的类。
- 识别该操作的初始节点的前置条件和活动终点的后置条件，也要识别在操作执行过程中必须保留的信息。
- 从该操作的初始节点开始，建模随着时间推移的活动，并在活动图中将它们表示为活动节点。
- 根据控制流的需要，使用分支来说明条件语句及循环语句。

如图 8-20 所示的活动图建模了一个在类 Line 的语境中描述操作 intersection 的算法，它的标记特征标记包含一个参数（line，属于类 Line）和一个返回值（属于类 Point）。类

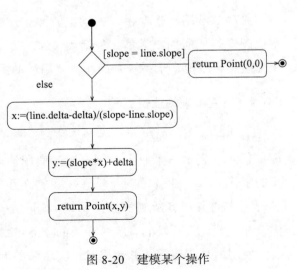

图 8-20　建模某个操作

Line 有两个相关的属性：slope（线段斜率）和 delta（线段相对远点的偏移量）。首先检测当前线段的斜率 slope 是否与参数 line 的 slope 相同，如果相同，线段不交叉，并返回一个点（0，0）。否则，操作首先计算交叉点的 x 值，然后计算 y 值，x 和 y 都是操作的局部变量。最后，返回一个点 Point（x，y）。

　　下面我们来介绍一个即将步入大学的学生拿到学生校园卡的过程。我们使用如图 8-21 所示的泳道图来为这个过程建模。

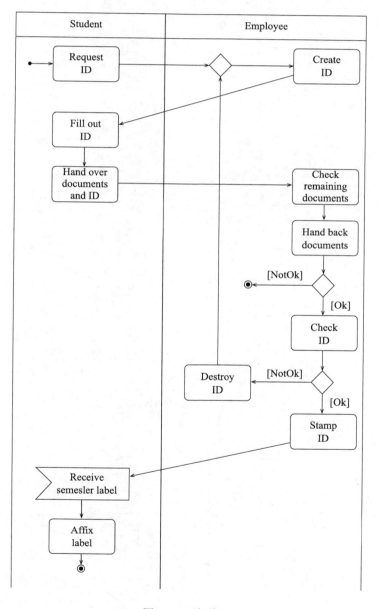

图 8-21　泳道图

　　此业务流程中有两个对象参与：学生 Student 和工作人员 Employee。为了明确建模每个人的操作行为、职责，采用了泳道图。为了在无效或不完整的文档中对流程的终止进行建模，我们使用决策点（decision node）。决策点的一条边指向活动的终止节点。如果学生表格填写得不正确，导致循环，那么必须重复整个过程的一部分请求。在 Check ID 之后放置一个决策点，并且在 Create ID 之前放置一个合并节点来实现循环。如果学生已经提交了文档和 ID 并正确地填写了表格，学生 ID 将被盖章，学生将收到本学期的标签。我们把这个操作建模为接收时间操作。为了验证标签，学生必须贴上标签。

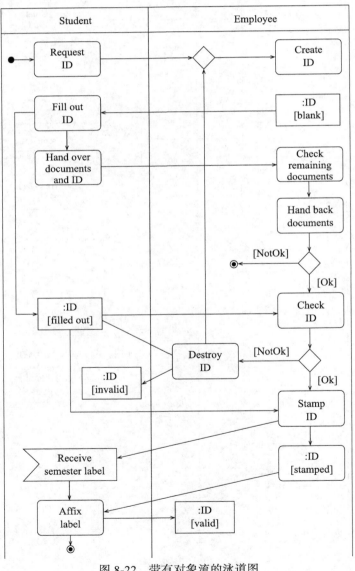

图 8-22　带有对象流的泳道图

在图 8-21 中，我们只建模了一个控制流。但在这个例子中，一个对象被改变了：Student ID。其最初是空的，然后被填写，接着被盖章。

图 8-22 描述了 Student ID 的变化，扩展了图 8-21，包括了对象 Student ID 的对象流，显式建模了 Student ID 的变化过程。

活动图的建模元素总结如下：

名称	图符表示	描述
动作	Action	不可拆分的原子操作
活动节点	Activity	可以继续拆分的活动
初始节点	●	活动图的开始节点
活动终止节点	◉	活动图的所有执行路径终止
流终止节点	⊗	活动图的某个执行路径终止
判断节点	◇	将控制流分成两个或多个替代分支流
合并节点	◇	将多个分路径点合并为一个执行路径
并发节点	▌	将一个路径分成两个或多个并发执行路径
同步节点	▌	合并两个或多个并发控制流为一个执行路径
边	A → B	用于连接两个活动节点
调用行为动作	A	活动 A 调用一个同名的活动
对象节点	:Object	包含数据，可以被创建、修改、读的对象

8.4 小结

活动图模型是 UML 中用于对系统的动态方面建模的 5 种图之一。多数情况下，它建模计算过程中执行的步骤、活动或者系统的业务流程。也可以用对象流建模活动执行过程中对象的状态变化情况。在实际建模过程中，我们主要使用活动图建模系统的控制流或者系统的某个复杂操作的流程图。

习题

1.（   ）将一个活动图中的活动状态进行分组，每一组表示一个特定的类、人或部门，他们负责完成组内的活动。

   A. 泳道   B. 分叉汇合

   C. 分支   D. 转移

2. 下面不是活动图中基本元素的是（   ）。

   A. 状态、分支   B. 分叉、汇合

   C. 泳道、对象流   D. 用况、状态

3. 若将活动状态比作方法，那么动作状态即（   ）。

   A. 方法名   B. 方法返回值

   C. 方法体中的每一条语句   D. 方法的可见性

4. 活动图主要用于建模系统中的活动流程，描述系统的控制流程，那么可以描述系统的数据流吗？如果可以的话，如何建模数据流？

5. 活动图的主要建模元素包括哪些？如何建模顺序结构、选择及循环？

第9章 接口、类型和角色

本章主要介绍接口、类型和角色的概念定义，以及其相应的 UML 表示方式，从而更好地理解它们的含义，并运用到实际建模中。

接口是一组操作的集合，其中的每个操作用于描述类或构件提供的一个服务。在实际建模过程中，使用接口对系统中的接缝进行可视化、详述、构造和文档化。此外，类型和角色提供了在特定的语境下为构件与接口之间的静态和动态一致性进行建模的机制。

本章要点如下：

- 掌握接口、类型、角色的基本概念。
- 理解接口建模的特点及实现。

9.1 接口

以构件化的形式来建造或生产产品是某一工业领域成熟化的标志。例如，计算机的硬件生产，当我们需要自行组装一台计算机时，需要选择合适的硬件，并按照硬件的接口进行组装，标准化的硬件设计、制造产业，推动了计算机硬件行业的快速发展。此外，汽车制造业包括汽车零部件加工、组装与装配、检验、管理等。人们居住的房子包括电气系统、供水系统、排水系统和供暖系统。这些组成部分自成系统，可独立存在，相互之间影响不大。这些组成部分（或子系统）之间通过耦合关系建立联系。在软件建模过程中，以清晰的关注点分离来建造系统是非常重要的。当系统演化时，改变系统的一部分不会影响和破坏系统的其余部分。为了达到这种实现分离，必须清楚地描述系统的接缝，即在能够独立变化的那些部件之间设计接口、界线。此外，接口建模为基于构件的软件开发方法提供了便利，是实现基于构件的组装的基础。

对于软件系统的设计和建造而言，应遵循如下原则：

- 在面向对象系统中，类之间存在接口，某个类的修改不能影响其他的类。
- 复杂软件系统由子系统组成，子系统之间同样存在接口，对子系统内部的修改，不应导致其他构件或其他的类不能正常工作。
- 接口可以为部件指定外部行为特征，从而能够实现软件系统的构件化，这意味着遵循同一个接口的构件可以互相替换。

- UML 中使用接口定义类或构件向外界提供的操作规约，即接口可用于建模操作的集合。

9.1.1 定义

在 UML 里，接口是一系列操作的集合，它指定了一个类或者一个构件所能提供的服务。接口类只能拥有操作，不能拥有属性。因此，通过接口连接的类或部件之间的耦合是松散耦合。

每一个接口都必须有一个有别于其他接口的名称，有简单名和路径名两种。单独的一个名称称为简单名（simple name），而路径名（path name）是以接口所在包的名称为前缀的接口名。在同一个包中的接口的名称必须是唯一的。绘制接口时可以仅显示接口的名称。

接口类是一种特殊的类，通过构造型赋予类特殊的含义，采用的关键字是«interface»。如上所述，接口的命名有两种形式：简单名、路径名。路径名采用模型包名加简单名字，两者之间用两个冒号分隔。接口类的具体表示形式如图 9-1 所示。

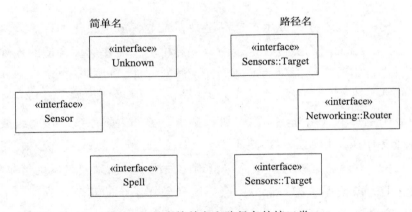

图 9-1　具有简单名和路径名的接口类

9.1.2 操作

接口不同于一般的类，它不描述任何实现，因此不包含任何实现操作的具体方法。但像类一样，接口可以有一些操作。这些操作可以用可见性、并发性、构造型、标记值和约束来修饰。本质上，接口提供了一组操作的集合，其中每个操作用于描述类或构件的一个服务。

在声明一个接口时，把接口表示成构造型化的类，并在合适的分栏列出它的操作。可以仅显示操作的名称，也可以显示出操作的全部特征标记，例如，可见性、参数列表和返回值等。

在建模过程中，通过接口，可以概括地了解类或构件的外部特性，而不必关心它们的内部实现和结构。在系统实现时，可以通过接口的定义实现功能部件的替换或扩充。遵循设计中构件之间的低耦合原则，构件只通过接口暴露其对外提供的服务或者请求的服务，其内部实现细节、属性不会提供给外部构件。接口的具体描述形式如图 9-2 所示。

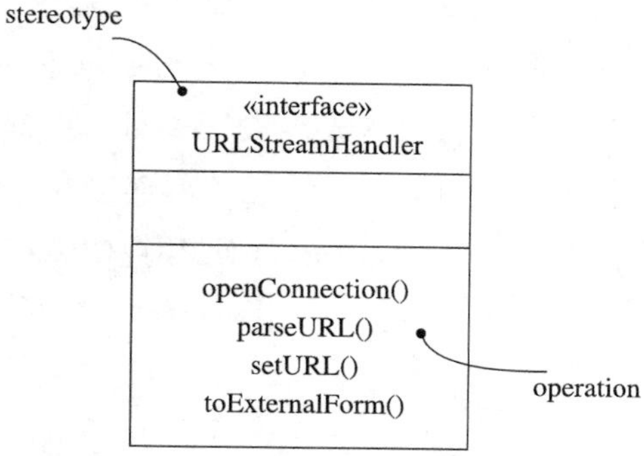

图 9-2 接口所提供的操作

9.1.3 接口的关系

接口是一种特殊的类，接口也可以参与泛化、关联和依赖关系。此外，接口强调的是类或子系统或构件的外部行为规范，它不强调此动态行为的实现方法。即接口只提供了构件操作的规约，但无需给出具体操作的实现细节。一个接口的动态行为可以用一个类来实现，也可以用一个构件来实现。对于不同的类或构件，只要它们的实现遵循同一个接口，就可以相互替换。这种实现方式能够有效支撑构件的可替换性。在基于构件的软件开发方法中，能够有效支持构件的重用、组装等。因此，使用 UML 的接口建模系统中的接缝是非常重要的。

在使用 UML 为软件系统建模的时候，可以使用**实现关系**（realization）描述某个类或某个构件实现某个给定的接口。其中，实现关系是两个类元之间的语义关系，表明其中的一个类元为另一个类元规定了应实现的契约（contract）。

在建模过程中，可以使用实现关系的场景有多种情况。实现关系可以连接的类元包括：接口和类、接口和构件 / 子系统、用例和协作、接口规定了类或构件的动态行为以及用例规定了协作的动态行为。需要注意的是接口是一种特殊的类，只提供操作的集合，不具有属性，因此接口没有直接的实例。

一个类或构件可以实现多个接口。按照这种方式，类或构件负责实现所有这些契约，这意味着它们提供了一种方法，以便能够正确地实现定义在接口中的那些操作。通常，接口分为提供接口（provided interface）和请求接口（required interface）。提供接口用于建模构件对外提供的服务。请求接口表示构件为了实现某一功能，需要请求其他构件以提供相应的服务。在实际建模过程中，根据构件之间的契约规定，构件之间可通过将请求接口与提供接口进行匹配，实现构件的组装。

如图 9-3 所示，可以用两种方式表示接口，上半部分为请求接口，下半部分为提供接口。第一种方式可以用简化形式，将接口和它的实现关系画成一条位于类框和小圆（表示提供接口）或者半圆（表示请求接口）之间的连线。这种简洁的表示形式，通常用于简单地建模系统的接缝。然而，这种表示方式无法直接对接口提供的操作或信号进行可视化建模。因此，可以采用第二种显示建模接口的方式，即使用展开形式，将接口表示为构造型的类，显式地建模接口的操作（见图 9-4），其中，空心虚线三角形表示实现关系，例如，类 TargetTracker 实现了接口 Observer，两者之间就使用空心虚线三角形连接在一起。而类 Target 与接口 Observer 之间由虚线箭头连接，表示类 Target 使用了 Observer 接口的操作。

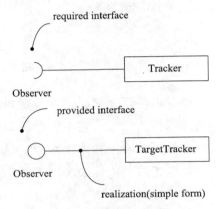

图 9-3   请求接口和提供接口

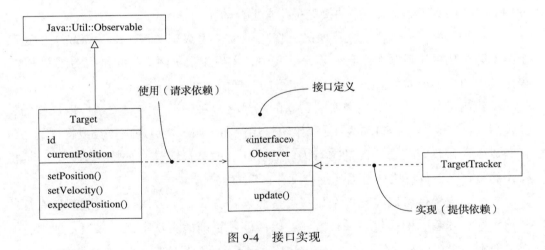

图 9-4   接口实现

Visitor 设计模式可以将一个集合中的元素和对各个元素的操作（行为）进行分离。Visitor 模式提供的 Visitable 接口中只有一个操作 accept()，并注入 Visitor 对象。接口 Visitable 是该设计模式的核心部分，提供包含了所有实现了接口的模型元素的行为。Visitor 设计模式的详细描述可参见设计模式的相关资源。图 9-5 详细描述了 Visitor 设计模式的组成，类 StringElement、类 FloatElement、、类 IntegerElement 实现接口 Visitable，它们之间使用了实现关系以进行连接。

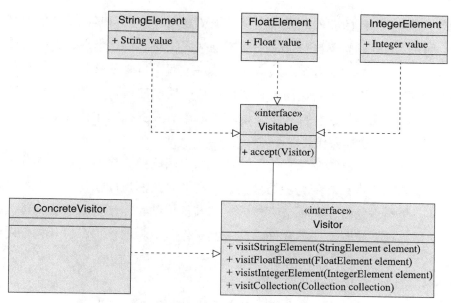

图 9-5　接口的示例：Visitor 模式

9.2　类型和角色

类型和角色提供了在特定的语境中，为构件与接口之间的静态和动态一致性建模的机制。

角色可定义为一个参与特定语境的实体的行为。

例如，对类而言，如果一个类只可能处在一个关联关系中，或它在所有的关联关系中的语义是一样的，则使用角色的名字就足够了。因为，这时类的所有的操作都是用来实现此角色的动态行为的。但在许多的情形下，在多个关联关系中此类所扮演的角色是不一样的。

例如，Person 是一个类，代表一个人。那么，如果此类处于与公司（Company）的雇用关联关系中，则类 Person 的角色是雇员（Employee）。如果类 Person 处于和商店（Shop）的关联关系之中，则此类的角色可能是顾客（Customer）。因此，在建模过程中，我们经常会采用基于角色的建模方法。

一个类可以有多个类型，意味着在不同的关联关系中可扮演不同角色。角色的划分，能够很好地支持基于角色的建模，帮助分析系统的需求。

9.3　常用建模技术

9.3.1　建模系统的接口

使用接口的目的是对由软件构件组成的系统（如 Eclipse、Netbeans 等）中的接缝建模。在基于构件的软件开发过程中，需要复用一些来自其他系统的或者第三方提供的构件，也可能需要自行创建一些构件。无论对于哪种情况，都需要编写把这些构件组合在一起的"黏合剂"代码。而这一过程，需要理解各构件所提供的和所请求的接口规范，因此，我们需要在建模接口时明确建模接口的操作规范，以及接口与类、构件之间的关系。良好定义的接口能够有效支撑基于构件的软件开发，方便构件的组合、替换等操作。

识别系统中的接缝涉及识别系统体系结构中明确的分界线。在这些分界线的每一边都会发现一些可独立变化的构件，只要在分界线两边的构件遵循由接口描述的契约，某一个构件的变化就不会直接影响到其他构件。当创建自己的构件时需要理解它的语境，这意味着要描述构件为完成其工作所依赖的接口，以及构件对外所提供的接口，以便其他构件进行使用。

建模系统的接口需要遵循如下原则：

- 将高耦合的类划分为一个集合，或者以一个构件的形式表示。
- 通过考虑变化的影响，精化分组。将倾向于一起变化的类或构件组织在一起。
- 考虑跨越边界从一个类或构件集的实例到其他类或构件集的实例的操作和信号。
- 将逻辑上相关的操作和信号的集合，建模成构件的接口。
- 用依赖关系建模请求接口，用实现关系建模提供接口。
- 针对系统的接口，为每个操作设置前置条件和后置条件，并使用用例和状态机建模接口所提供的服务、行为，实现建模接口的动态行为。

9.3.2　建模静态类型和动态类型

大多数面向对象的编程语言是静态类型化的，这意味着创建对象时就明确了对象的类型。但是，随着时间的推移，对象还可能要扮演不同的角色。这意味着使用对象的客户通过不同的接口集合与对象交互，这些接口表达了引起关注的、可能交叠的操作集合。

建模静态类型可以使用类图进行可视化建模。然而当建模业务对象时，这些对象在整个工作流的执行过程中会改变它们的角色，如何显式地建模这些角色的改变呢？可以显式地建模对象在它的生存期内类型的改变，也可以使用状态机为对象的生存期建模。对对象类型的动态性质建模有时是有用的。对动态类型建模要遵循如下策略：

- 通过把每一个类型表示为类或接口，详述对象可能的各种不同类型。
- 建模对象可能扮演的角色。

9.4　小结

在本章，我们学习了如何使用 UML 接口类建模接口（即建模系统的接缝）。接口不同于类，它没有属性，只有操作。因此，接口可用于提供类或构件的操作规约，通过使用接口建模系统的接缝，可以实现关注点分离及基于构件的软件开发方法。在实际建模应用中，我们要区分提供接口和请求接口及其具体的表示方法。结构良好的接口模型能够清晰地将构件的外视图与内视图分开，以便理解和访问构件（详细内容请参见第 11 章），而不必关注它的实现细节。

习题

1. 接口类是一种特殊的类，其特殊性体现在哪些地方？
2. 接口类的表示方式有哪些？
3. 请结合实例说明如何表示一个类实现某个接口、一个类依赖于某个接口。
4. 请查阅相关资料，了解基于角色的建模方法。

第 10 章　包　模　型

UML 中对模型元素进行分组管理是通过包模型实现的，能够清晰地建模系统的逻辑结构划分，也可以用于组织和避免类之间的命名冲突。通过本章的学习，可以了解包以及包图的概念及具体用法，并学会合理运用包图建模系统的逻辑结构，以方便理解复杂的系统组成。

本章要点如下：

- 了解包图的基本概念。
- 掌握包图的建模方法。

10.1　主要概念

10.1.1　模型包

从面向对象的角度来看，类是构成整个系统的基本构造块。但是对于一些复杂的、规模巨大的系统而言，系统涉及的类很多，再加上各种类之间错综复杂的关系、多重性等，必然超出了人们可以处理的复杂程度。因此，UML 中引入了包这种分组事物构造块，将复杂的系统模型进行逻辑划分，将逻辑上密切相关、倾向于一起变化的模型放在一个包中。由于软件系统的规模日益增大，复杂性也日益增加，包图建模系统的逻辑模块划分，可便于人们理解、交流、沟通。

包是用于把建模元素组织成组的通用机制，可以直接理解为命名空间或者文件夹。它通常将一些在语义上接近并倾向于一起变化的元素组织在一起，以便于理解和处理整个模型包。包与其内的元素具有组成关系，一个元素只能在一个包中。此外，一个包形成一个命名空间。包的命名空间及其所包含的元素可以被其他包的命名空间所包含、访问。包具有高内聚、低耦合的特性和严格的访问控制机制。

模型包（package）实现对模型元素进行组织，达到有效地可视化、详述、构造和文档化的目的。它只存在于软件系统的设计过程中，用来将建模元素组织成具有特定语义的子集，帮助设计者更好地理解和表达模型的内容。因此，模型包是纯粹概念化的建模元素，是软件开发过程中使用 UML 建模所产生的模型制品。在软件系统的运行时刻，模型包不可能被实例化。

包可以拥有的元素包括：类、接口、构件、节点、协作、用例和子包（见图 10-1）。拥有是一种组成关系，如果包被撤销了，元素也要被撤销。例如，包图中可以包含多个用例，用于描述系统的主要功能包含哪些内容。当然，当需要表示软件系统的不同层次结构时，也可以选择使用包图建模软件系统的层次架构。包之间的依赖关系可以明确地建模层与层之间的访问关系。

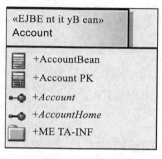

图 10-1　包图

10.1.2　名字

模型包必须有一个名字，表示形式可以为简单名字和路径名字。

如图 10-2 所示，如果模型包名字的字符串内不包含双冒号（::），则此名字是简单名字。如果名字字符串内包含有双冒号，则此名字是路径名字。

图 10-2　简单包名和路径包名

包不仅仅用于对建模元素进行分组，而且形成了一个命名空间，这就意味着包中的同类建模元素不能重名，例如，可以使用包图表示 UML 的元模型。如图 10-3 所示，在 UML 语言的元模型定义中包含三个包，分别是行为元素包、模型管理包和基础包。其中，行为元素包和模型管理包分别依赖于基础包中的建模元素。这个包图展示了 UML 元建模的基本结构，从较高的抽象层次建模 UML 语言的逻辑结构划分，使人们能够很方便地理解语言包括哪些组成部分。

10.1.3　可见性

模型包的可见性用于建模模型包内所含建模元素的可访问性。通常，有三种可见性：

- 公有访问 (public，+)：表示一个模型包的内含元素是公有的，意味着此模型元素可以被任何引入了此模型包的其他模型包的元素访问。

- 受保护的访问 (protected，#)：表示如果一个内含元素具有保护访问权限，则受保护的元素仅对当前包的子包是可见的。
- 私有访问 (private，−)：具有私有访问权限的内含元素则只能被属于同一个模型包的内含元素访问，外面其他包无法访问这些私有元素。

在实际建模包图时，包内元素之间的可见性需要遵循的原则如下：

- 一个包内定义的元素在同一个包内是可见的。
- 如果某一个元素在一个包内可见，则它对于所有嵌套在该包内其他子包是可见的。
- 如果一个包和另一个包之间存在 «import» 或 «access» 依赖关系（详见下一节），则后一个包内具有公共可见性的元素对于前一个包也是可见的。
- 如果一个包是另一个包的子包，则父包内具有公共可见性和保护可见性的元素在子包内是可见的。

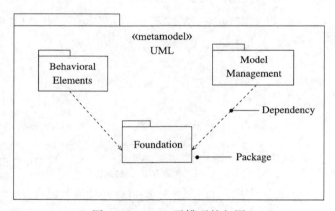

图 10-3　UML 元模型的包图

10.1.4　包之间的关系

包之间的关系有两种：依赖关系和泛化关系。其中，依赖关系又分为导入依赖和访问依赖，用于表示在一个包中引入另一个包示出的元素；而泛化关系是用来建模包的家族层次关系。

1. 包之间的导入依赖和访问依赖

可见性为模型包内部元素被外部元素的访问规定了访问权限。例如，具有公有访问权限的模型元素可以被其外部的模型元素访问。在 UML 里，模型包内具有公有访问权限的内含元素被称为是此模型包的示出（Export）。但是，并不是任意两个模型包都能够随意访问对方的示出。为了清晰地建模模型包之间的联系，必须为模型包指定对应的语义联系。在 UML 里，用下列两个依赖关系的构造型来表示：

- **导入依赖**：用虚线箭头从得到访问权限的包指向提供者所在的包，箭头上带有构造类型 «import»。
- **访问依赖**：用一个从客户包指向提供者包的虚箭头表示。箭头用关键字 «access» 作为标号。

（1）导入依赖关系

在 UML 里，导入依赖是依赖关系的一个变体，可理解为一种特殊的依赖关系。它使得目标模型包的公有元素能够被源模型包访问，且是单向访问。如果一个模型包通过导入依赖关系导入了目标模型包，就意味着目标模型包的公有元素进入了源模型包的命名空间，并成为源模型包的公共元素。因此，在为目标模型包内含元素命名的时候，必须保证此模型包的公有模型元素与源模型包的模型元素不能重名。如图 10-4 所示。

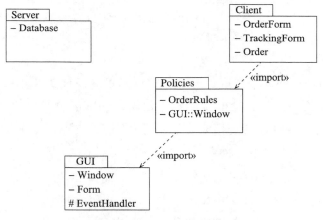

图 10-4　包的导入依赖关系

（2）访问依赖关系

访问依赖关系用来描述一个模型包访问了另一个模型包的公有元素。访问依赖和导入依赖的语义是类似的，它也使得目标模型包的输出能够被源模型包引用。

两者的不同之处在于访问依赖的目标模型包的模型元素的名字不进入目标模型包的名字空间。因此，在访问依赖关系中的目标模型包内的模型元素可以与源模型包的模型元素重名。当源模型包通过访问依赖访问目标模型包的输出元素时，必须指定目标模型包的名字。

包的公共部分称为示出（export），包之间的导入依赖关系是可以传递的。

2. 包之间的泛化

如图 10-5 所示，与类之间的泛化相似，特殊包 WindowsGUI 和 MacGUI 从一般包 GUI 中继承公共的和受保护的元素。像类的继承一样，包能替换较一般的元素，并可增加新的元素。例如 WindowsGUI，其中，它覆盖了类 Form，并增加了一个新类 VBForm。

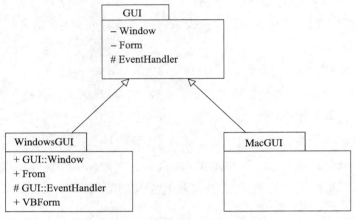

图 10-5　泛化关系

10.1.5　包图

　　包图由包和关系两部分组成，一个包中可以包含多种建模元素（见图 10-6）。在进行建模时，包图并不是必需的，但是当建模复杂的项目时，使用包图会获得很大的好处，它能够帮助设计者理清思路，便于设计者、开发人员之间的交流、理解。创建包图的主要目的有以下几种：

　　1）描述需求，即用例模型的组织。

　　2）对设计进行概述，即类模型的组织。

　　3）在逻辑上把一个复杂的图模块化、层次化。

　　4）组织源代码。

1. 用例的包图

　　将相关联的用例放在一起：被包含用例、扩展用例以及继承的用例都要与其对应的基用例或父用例放在同一个包中。按照主要参与者的需要组织用例。对于复杂系统的需求建模而言，这种用例的组织方式易于对需求进行模块化建模。

2. 类的包图

　　类的包图的组织原则如下：

- 将一个框架内的所有类放置到相同的包中，形成一个系统包。
- 把具有继承关系的类放在相同的包中。
- 将彼此有聚合或组合关系的类放在同一个包中。
- 将彼此合作密切的类放在同一个包中。

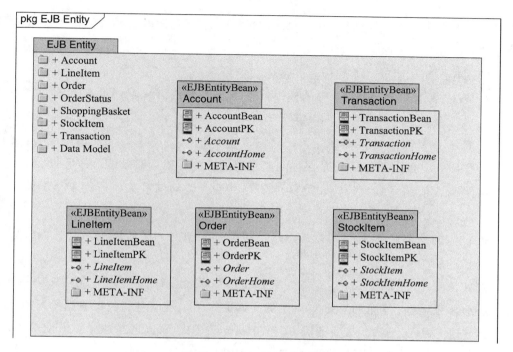

图 10-6　包模型的例子

10.2　常用建模技术

10.2.1　建模成组的元素

使用包的最常见目的是把建模元素组织成能作为一个集合进行命名和处理的逻辑组，如果开发一个微小的系统，那么就不需要包，因为所有的抽象完全可以放在一个包中。然而，对于其他复杂的系统，如系统中存有很多的类、接口、构件和节点，它们在逻辑上属于若干组，并且同组元素倾向于一起变化、更新，因此可将这些建模元素分成一些组，构建系统的包图。使用包图能够很清晰、方便地建模这些逻辑上的分组。

类和包之间有一个重要的区别：类是从问题中或解中所发现的事物的抽象，包是用于组织模型中事物的机制。包在系统运行时不出现，无需实例化。包图完全是在开发过程中的制品，主要目的是便于文档化、建模所采用的组织机制。

在大多数情况下，用包组织基本种类相同的元素。例如，可以从系统的设计视图中分离所有的类及其相应的关系，形成一系列的包，并用 UML 的引入依赖控制包之间的访问关系。用类似的方式，可以组织系统实现视图中的所有构件。

此外，也可以用包组织不同种类的元素，例如，对于一个由分布于不同地域的工作组开发的系统，可以用包作为配置管理的单元，把类都放在其内，各工作组可以分别对包进行访问、使用。事实上，用包组合建模元素以及相关的模型图在软件建模过程中是很常见的。

使用包图对成组的元素建模，要遵循如下策略：

- 浏览特定体系结构视图中的建模元素，将概念或语义上相互接近的元素组织成一个包。
- 对每一个包，判别哪些元素需要被其他包访问，把这些元素标记为公共的，把所有其他元素标记为受保护的或私有的，当不确定时就隐藏该元素。
- 用引入依赖显式地建模包之间的依赖关系，访问依赖关系可用于显示建模包之间的访问关系。
- 在包的家族中，用泛化关系建立子包与其父包之间的层次关系，从而构建出包的层次关系图。

例如，图 10-7 显示了一组包图，它们把信息系统设计视图中的类组织成一个标准的三级体系结构。包 User Service 中的元素提供了呈现信息和收集数据的可视化界面，该包通过引入关系，与业务服务包（Business Service）之间建立引入依赖关系。包 Business Service 中的元素负责处理业务逻辑，包含了管理用户请求（为了执行业务上的任务）的所有类和其他元素，包括支配数据操纵策略的业务规则。数据服务包（Data Service）中的元素负责维护、访问和修改数据。业务服务包与数据服务包之间通过引入依赖建立关系。这三个包通过引入依赖关系，建立了三级的体系结构。

图 10-7　三级体系结构

10.2.2　建模体系结构视图

视图是对系统组织和结构的投影，它注重于系统的某些特定方面，可以将系统分成几乎不相关的包，每个包建模了一组体系结构上的建模决策。例如，在体系结构的设计中常常采用 "4+1" 视图的设计方法，系统设计过程中可以有设计视图、交互视图、实现视图、部署视图和用例视图。

对体系结构视图建模，要遵从如下策略：

- 识别出问题语境中一组有重要作用的体系结构视图。在实际应用中，通常要包括设计视图、交互视图、实现视图、部署视图和用例视图。
- 把对于可视化、详述、构造和文档化每个视图的语义充分而必要的元素放到适当的包中。

通常在不同视图中的元素之间有依赖关系存在。因此，一般要让系统顶层的各视图对同层的其他视图开放。

例如，图 10-8 说明了一个规范的体系结构的建模，它适用于建模各种复杂的系统结构。

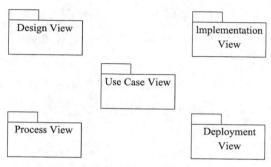

图 10-8　建模体系结构

10.3　小结

包是一种对逻辑上相关的建模元素进行组织的建模机制，它只在软件开发的过程中存在，是软件建模过程中产生的模型制品。包图可以用于组织一个系统的框架、模型和子系统等。通过对包的合理规划，系统模型的实现者能够在高层把握系统的结构，理解系统的高层次架构设计。

习题

1. 简述包图的主要建模用途，以及包图的表示形式有哪些。
2. 简述包之间的关系有哪些，分别举例说明其使用场景。
3. 包图常用于建模系统的逻辑结构，请结合某网站的 MVC 架构模式，使用包图建模该网站的架构设计。
4. 试举例说明包图的建模过程。

第11章 构件模型

在构造一个面向对象的软件系统的时候，不仅要考虑到系统的逻辑部分，也要考虑到系统的物理部分。不同于逻辑部分需要描述对象类、接口、交互和状态等，物理部分要定义构件和节点。这就需要用到构件图和下一章中将学习到的部署图。其中，构件图主要用于描述各种软件构件之间的依赖关系（如可执行文件和源文件之间的依赖关系）、系统中构件的表示法及这些构件之间的关系。本章主要介绍构件图的基本概念及其在实际中的运用。

本章要点如下：
- 了解软件构件的基本概念、表示方法。
- 了解构件的接口类型、表示方法。
- 了解构件之间的关系。
- 了解端口及连接器。

11.1 主要概念

构件图（component diagram）描述了构件及构件之间的关系，主要用于描述各种软件构件之间的依赖关系，如可执行文件和源文件之间的依赖关系。与所有UML的其他图一样，构件图可以包括注释、约束和包。如图 11-1 所示是个典型的构件图。

构件图中包含 3 种元素：
- 构件
- 接口
- 依赖关系

接下来就对这 3 种建模元素进行详细的介绍。

11.1.1 构件

构件（component）是定义了良好接口的物理实现单元，它是系统中可以替代的部分，每个构件体现了系统设计中的特定类的实现，良好定义的构件不直接依赖于其他构件，而是依赖于其他构件所提供的接口。在这种情况下，系统中的一个构件可以被提供相同接口的其他构件所替代，即构件是可重用的功能单元。在功能划分清晰的软件系统中，软件被分成一个个模块。随着面向对象技术的引入，软件系统被分成若干个子系统、构件。每个构件能够实现一定的功能，为其他构件提供使用接口，方便以构件组装 / 组合的方式构造软件系统。

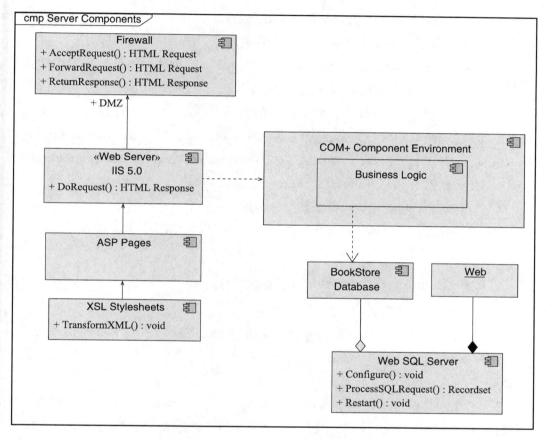

图 11-1　LAN 的构件图

1. 构件的表示

每个构件必须有一个不同于其他构件的名称。构件的名称和类的名称的命名规则很是相似，有简单名和路径名之分。构件的名称是一个字符串，位于构件图标的内部。在实际应用中，构件名称通常是从现实词汇中抽取出来的短名词或名词短语。如图 11-2 所示是构件的 3 种表示方式，不同的建模工具所支持的图符有些不同。

图 11-2　构件的表示方法

2. 建模规范

在定义一个构件时，必须对以下 5 个建模要素进行规范化说明。

1）接口声明：每个构件包含两组接口，一组是提供接口，表明它所能提供的服务；另一组是请求接口，表明它需要请求的服务。

2）接口实现：构件是一个物理部件，它实现了提供接口声明的服务。

3）构件标准：在创建构件时，每一个构件必须遵从某种构件标准。构件实现标准是关于开发可复用软件构件和实现构件间通信所遵循的一组规范。构件的使用和实现都必须遵循一定的标准，便于构件的设计及使用。常见的构件使用标准有 3 种，如微软提出的 COM（Component Object Model）/DCOM（Distributed Component Object Model）、OMG 提出的 CORBA（Common Object Request Broker Architecture）和 SUN 公司提出的 JavaBeans/EJB（EnterpriseJava Beans）。

4）封装方法：也就是构件遵从的封装标准。

5）部署方法：一个构件可以有多种部署方法（部署图详述见第 12 章）。

3. 类型

一般说来，构件就是一个实际文件，包括软件代码（源代码、二进制代码或可执行代码）。构件可以有以下几种类型。

1）部署构件（deployment component），这些构件构成了一个可执行的系统，如 dll 文件、exe 文件、COM+ 对象、CORBA 对象、EJB 对象、动态 Web 页和数据库表等。

2）工作产品构件（work product component），属于开发过程的产物，这些构件不直接参与可执行系统，而是开发过程中生成的工作产品，如源代码文件（.java、.cpp）、数据文件等，这些构件可以用来产生部署构件。

3）执行构件（execution component），这类构件是作为一个正在执行的系统的结果而被创建的，例如，由 DLL 实例化形成的 .NET 对象。

4. 构件与类

从构件的定义上看，构件和类十分相似：二者都有名称，都可以实现一组接口，都可以参与依赖、泛化和关联关系，都可以被嵌套，都可以有实例，都可以参与交互。但也存在着一些明显的不同，下面是构件与类的区别：

- 类表示是对实体的抽象，而构件是对存在于计算机中的物理部件的抽象。也就是说，构件是可以部署的，而类不能部署。
- 构件属于软件模块，而非逻辑模块，与类相比，它们处于不同的抽象级别。通常，构件就是由一组类通过协作完成的。构件的抽象粒度比类的抽象粒度大。

● 类可以直接拥有操作和属性，而构件拥有可以通过其接口访问的操作。

11.1.2 接口

接口是对外声明的一组操作的集合。构件有两个接口，分别为提供接口和请求接口。提供接口只能向其他构件提供服务，请求接口表示构件需要请求其他构件所提供的服务。在构件图中，构件可以通过请求其他构件的接口来使用其他构件所提供的操作、服务。通过使用命名的接口，可以避免在系统中各个构件之间直接发生依赖关系，有利于构件的替换、重用。

前面已经讲解了没有标识接口的构件表示方法，现在我们用标识了接口的方法来表示构件，如图 11-3 所示。

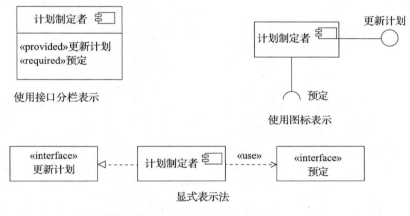

图 11-3　标识了接口的构件

从上面的例子可以看出构件与接口之间有两种关系：实现和依赖。实际上，可以用两种方式表示构件与接口之间的关系。第一种方式是用简略的图符形式显示接口，提供接口表示成类似于棒棒糖式的接口。第二种方式则是使用显式表示方法，即用类图标显示接口。这种方式可以显示接口的详细操作。如图 11-4 所示是两种方式的图形示例。

11.1.3 依赖关系

构件有两种接口，提供接口为其他构件提供服务，请求接口使用其他构件提供的服务。因此，构件间存在依赖关系。我们把提供服务的构件称为提供者，把使用服务的构件称为请求者。

在 UML 中，构件图中依赖关系的表示方法与类图中依赖关系相同，都是一个由请求者指向提供者的虚线箭头。构件间的依赖关系如图 11-5 所示。

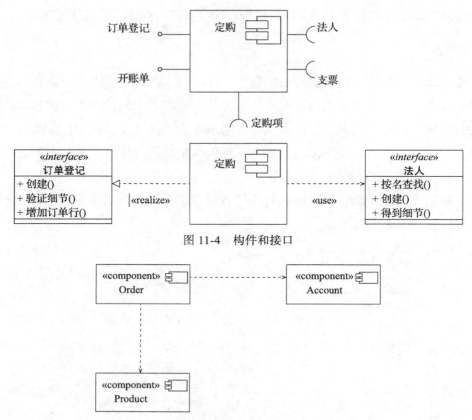

图 11-4   构件和接口

图 11-5   构件间的依赖关系

图 11-5 的关系浅显易懂，我们可以看出它只是简单地显示了构件之间的依赖关系。如果需要更详细地描述构件之间的关系、结构，首先需要了解端口（port）和连接器（connector）概念。

1. 端口

端口是 UML 2.0 引入的概念，描述了在构件与它的环境之间以及在构件与它的内部构件之间的一个显式的交互点。另一方面，端口是一个封装构件的显式的对外窗口，所有进出构件的交互都要通过端口。使用端口能在更大程度上增加构件的封装性和可替代性。

端口是构件的一部分，端口的实例随着它们所属的构件的实例一起被创建和撤销。端口是一个被封装的对外窗口。在封装的构件中，所有出入构件的信息交互都要通过端口，构件对外可见的行为恰好是它的端口的总和。此外，端口是有标识的。构件可以通过一个特定端口与另一个构件进行通信，该通信完全是通过由端口支持的接口来描述的，即使这个构件也支持其他接口。在实现时，构件的内部部件通过特定的外部端口来与外界交互，因此，构件的每个部件都独立于其他部件的需求。

端口允许把构件的接口划分成离散的并且可以独立使用的部分。端口提供的封装性和独立性更大程度上保证了构件的封装性和可替换性。

端口被表示成位于构件边界上的小方框——它表示穿过构件的封闭边界的信息流动口。提供接口和请求接口都可附着到端口符号上。提供接口表示一个可以通过该端口来请求的服务，请求接口表示一个该端口需要从其他构件获得的服务。每个端口都有一个名字，因此可以通过构件和端口名来唯一标识它。构件内部的部件用端口名来识别要通过哪个端口接收和发送消息。构件名和端口名合在一起唯一地标识了一个能被其他构件使用的具体端口名称。

端口也具有多重性，以指明在构件实例中特定端口实例的可能数目。构件实例中的每一个端口都有一组端口实例。虽然一组端口实例都满足同样的接口并接收同样的请求，但它们可能有不同的状态和数据值。例如，每个实例都有一个不同的优先级，具有较高优先级的端口实例优先被满足。

图 11-6 显示了一个带有端口的构件 Ticket Seller（售票）的模型，每个端口有一个名字，还可以有一个可选的类型来说明它是哪种类型的端口。这个构件提供了用于售票、节目和信用卡收费的端口。

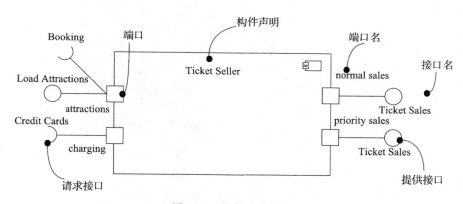

图 11-6　构件中的端口

有两个用于售票的端口，一个供普通用户使用，另一个供 VIP 用户使用。它们都有相同的类型为 Ticket Sales 的提供接口。信用卡处理端口有一个请求接口，任何提供该服务的构件都能满足它的要求。节目（attractions）端口既有提供接口也有请求接口。使用 Load Attractions 接口，剧院可以把戏剧表演和其他节目录入售票系统的数据库，实现售票功能。利用 Booking 接口，Ticket Seller 构件可以查询剧院是否有票并进行预订票。

2. 连接件

连接件是通过端口或接口用于实现构件实例间通信的部件。如果一个端口提供一个特定的接口而另一个端口需要这个接口，且接口兼容，那么这两个端口便是可连接的。

为了连接构件或把端口与构件内的部件相连，UML 定义了两种连接器：组装连接器和委托连接器。

组装连接器是两个构件实例间的连接器，它定义一个构件实例提供服务，另一个构件实例使用这些服务。有两种表示组装连接器的方法。

1）显式连接两个构件实例，即在端口之间画一条线。使用这种方法的装配连接器被称为直接连接件。

2）如果两个构件实例相连是由于它们有兼容的接口，则可以使用一个"棒棒糖 – 托盘"标记来表示构件实例之间的连接关系。这种方法的装配连接器被称为通过接口的连接件。

委托连接器把外部对构件端口的请求分发到构件内部的部件实例进行处理，或者通过构件端口把构件内部部件实例向构件外部的请求分发出去。委托有这样的含义：具体的消息流将发生在所连接的端口之间，可能要跨越多个层次，最终到达能够对消息进行处理的最终部件实例。这样，使用委托连接器可对构件行为的层次进行分解建模。

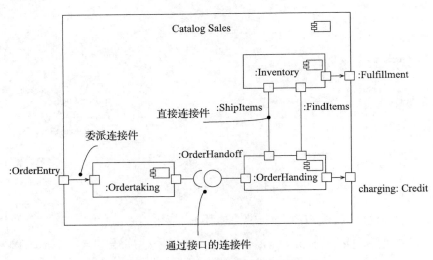

图 11-7　连接件的具体示例

图 11-7 显示了一个带有内部端口和不同种类连接器的例子。在 OrderEntry 端口上的外部请求被委派给 OrderTaking 子构件的内部端口来处理，这个构件进而把它的结果输出到它的 OrderHandoff 端口。这个端口用"棒棒糖 – 托盘"图形符号与 OrderHandling 子构件相连。这种连接意味着在两个构件之间无需特别的要求，输出可以被连接到任何遵从 OrderHandoff 端口的构件上。OrderHandling 构件与 Inventory

构件进行通信，查询库中的条目。这被描述为一个直接的连接件，因为没有任何接口被显示。一旦找到了库中的条目，OrderHandling 构件就可以访问外部的 Credit（信用卡）服务，这由连接到外部端口 charging 的委派连接件表示。如果外部信用卡服务有回应，OrderHandling 构件就与 Inventory 构件上的 ShipItems 端口通信，准备订单以备配送。Inventory 构件访问外部 Fulfillment 服务来真正实现订货服务。

11.1.4　构件图分类

构件图可以分为两种：简单构件图和嵌套构件图。

对于简单构件图而言，用户可以把相互协作的类组织成一个构件。利用构件图可以让软件开发者知道系统是由哪些可执行的构件组成的，这样以构件为单位建模系统的功能划分，帮助开发者理解软件系统的体系结构。例如，图 11-8 所示就是一个"订单管理系统"的构件图的局部模型。

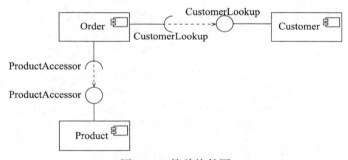

图 11-8　简单构件图

嵌套构件图就是以嵌套的方式表示构件图，能够清晰建模构件的内部结构，实现构件的层次化建模。如果我们对图 11-8 中的 3 个构件进行封装，组成一个更大的构件 Store，就可以得到如图 11-9 所示的嵌套构件图。通过这种嵌套构件图的建模方法，能够有效地建模构件的组装，实现基于构件开发大规模的复杂软件系统。

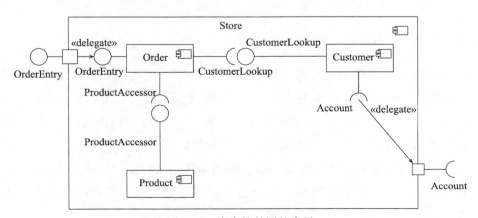

图 11-9　嵌套构件图的表示

11.2　常用建模技术

11.2.1　建模可执行程序

通过构件图可以清晰地表示出各个可执行文件、链接库、数据库、帮助文件和资源文件等其他可运行的物理构件之间的关系。在对可执行程序的结构进行建模时，通常应遵从以下原则：

- 明确要建模的构件。
- 理解和建模每个构件的类型、接口和所提供的服务。
- 建模构件间的关系。

例如，有一个语音呼叫中心程序"callcenter.exe"，使用了三汇的语音卡的驱动程序"shp_a3.dll"，以及相应的 TTS（文本转语音）引擎"sh_ttsu.dll"，现在我们用构件图来描述这三个构件的关系，如图 11-10 所示。此构件图清晰地显示了构件接口之间的关系，显示了构件接口的契约，方便设计者进行构件的组装、重用。

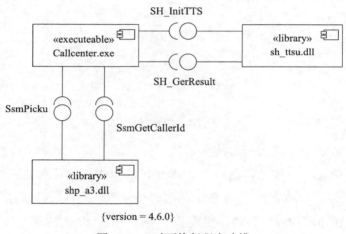

图 11-10　对可执行程序建模

11.2.2　建模源代码

通过构件图可以清晰地建模软件的所有源文件之间的关系，开发者能更好地理解各个源代码文件之间的依赖关系。在对源程序进行建模时，通常应遵从以下原则：

- 表示出要重点描述的每个源代码文件，并把每个源代码文件表示/建模为构件。
- 如果系统较大，可以使用包图来对构件模型进行分组。
- 用依赖关系来描述构件间的关系，明确构件之间的接口依赖关系。
- 在构件图中，可以使用约束来表示源代码的版本号、作者和最后的修改日期等信息。

如图 11-11 所示，signal.h 是一个头文件，被 interp.cpp 和 signal.cpp 引用，其中 interp.cpp 还引用了另一个头文件 irq.h，而 device.cpp 又对 interp.cpp 有依赖关系。

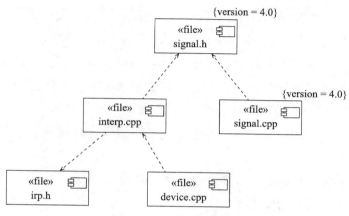

图 11-11　对源代码建模

11.2.3　建模 API

应用程序编程接口（API）代表系统中的程序接缝，可以用接口和构件对它建模。API 本质上是由一个或多个构件实现的接口。作为开发者，只需要考虑接口本身，只要有构件实现这个接口，至于是哪一个构件实现了接口操作并不重要。但是，如果从系统配置管理的角度讲，这些实现是很重要的，因为要确保在发布一个 API 时存在着一些可以完成 API 功能的实现。

对 API 建模时，需要遵循如下原则：

- 识别系统中的接缝，将每个接缝建模为一个接口，并收集形成边界操作。
- 只显式地表示那些对于在给定语境中进行可视化来说比较重要的接口特性，隐藏那些不重要的特性，必要时可以将这些特性保存在接口的规约中作为参考。
- 只有当 API 对于展示特定实现的配置重要时，才对其具体实现建模。

图 11-12 给出了构件 Animator 的 API，包括四个提供接口：IApplication、IModels、IRendring、IScripts。根据要求，其他构件可以使用一个或多个这样的接口。

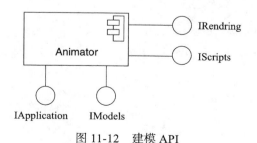

图 11-12　建模 API

11.3　小结

　　构件是系统中可替换的物理部分，它实现特定的功能，符合一套接口标准并实现一组接口。构件模型隐藏了其内部的实现，对外提供一组外部接口，通过接口实现构件之间的信息交换、访问。构件图是从软件架构的角度来描述一个系统的主要功能，如系统分成几个子系统，每个子系统包括哪些类、包和构件，以及它们之间的使用依赖关系。使用构件图可以清楚地建模系统的结构和功能，帮助项目组的成员制定工作目标和了解工作情况，此外，最重要的一点是有利于软件的复用。

　　在系统中，满足相同接口定义规范的构件可以自由地替换。定义良好的构件应满足下面的要求：

- 封装一个具有良好定义的接口和边界的服务。
- 拥有详细的内部结构描述。
- 功能独立，不把无关的功能放在一个构件中。
- 用少量的接口和端口来组织它的
  外部行为。
- 只通过所声明的端口进行交互。
- 隐藏不必要的细节，在构件图中
  无需显示实现的每一个细节，只
  显示对于理解构件图必要的信息。

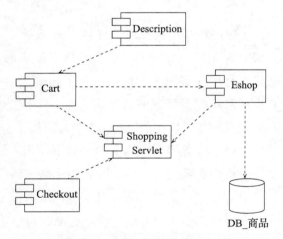

　　如图 11-13 所示是一个在线购物系统的构件图，该系统的功能主要由 5 个构件实现：Cart、Eshop、Checkout、ShoppingServlet 和 Description，其中，Cart、Eshop、Checkout 都依赖于 ShoppingServlet 构件。

图 11-13　在线购物系统的构件图

习题

1. 软件构件的含义是什么？
2. 如何使用图形表示软件构件？构件之间的接口实现关系有哪几种？
3. 构件接口之间的实现、依赖关系分别表示什么含义？请结合实例说明如何使用图符表示这两种关系。
4. 请结合实例阐述构件图的使用场景。

第12章 部署模型

部署图描述的是系统运行时的结构，展示了硬件的配置及其软件如何部署到网络结构中。部署模型可以帮助人们了解软件和硬件的物理关系以及处理节点的构件分布情况，传达了构成应用程序的硬件和软件元素的配置和部署方式。部署图常用于建模分布式系统，节点之间的连线表示系统之间进行交互的通信路径。部署图描述了一个运行时的硬件节点，以及在这些节点上运行的软件组件的静态视图。

本章要点如下：
- 节点。
- 连接。
- 部署图。

12.1 概述

12.1.1 概念

部署图（deployment diagram）展示运行时进行处理的节点，以及在节点上部署的制品（artifact）的配置。UML 制品包括（但不限于）：需求说明、体系结构、设计、源代码、项目计划、测试、原型和发布等。

部署图用于描述系统硬件的物理拓扑结构以及在此结构上运行的软件，展示了硬件的配置及其软件如何部署到网络结构中，常用于建模分布式系统的结构。部署图可以显示计算节点的拓扑结构、通信路径、节点上运行的软件、软件包含的逻辑单元（对象、类等）。部署图用来描述软件产品在计算机硬件系统和网络上的安装（installation）、分发（delivery）和分布（distribution）。

部署视图（deployment view）属于"4+1 视图"，即用例视图、设计视图、交互视图、实现视图和物理视图（也叫部署视图）。

如图 12-1 所示为一个部署图的示例。构成部署图的元素主要是节点（node）、

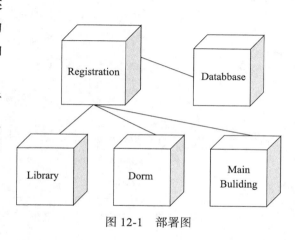

图 12-1 部署图

构件（component）和关系（association）。关系分为依赖关系和关联关系，还可以包含注解、约束、包和子系统。

12.1.2　节点

节点是存在于运行时并代表某一类计算资源的物理元素，通常具有内存和处理能力，如 64 位主机、防火墙和设备等。使用节点可以对系统在其上执行的硬件拓扑结构建模。一个节点通常表示一个可以在其上部署制品的处理器或设备。

节点可以包含对象和构件实例，在建模过程中可以把节点分成两种类型：处理器（Processor），能够执行软件构件、具有计算能力的节点；设备（Device），没有计算能力的节点，通常是通过其接口为外界提供某种服务，如打印机、扫描仪等都是设备。节点用带有节点名称的立方体表示，具有计算能力的节点如图 12-2 左图所示，没有计算能力的节点如图 12-2 右图所示。

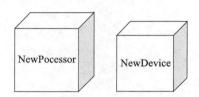

图 12-2　具有运算能力的节点和没有运算能力的节点

每一个节点都必须有一个有别于其他节点的名称。名称是一个文本串，单独一个的名字叫作简单名（simple name）；用节点所在包的包名作为前缀的节点名叫做受限名（qualified name）。

与类的显示方法相似，节点也可以用标记值或附加栏加以修饰以显示其细节。如图 12-3 所示。

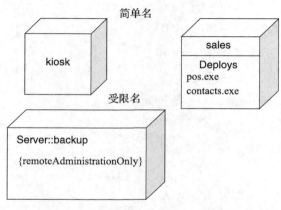

图 12-3　具有简单名或受限名的节点

1. 节点和构件的关系

构件是参与系统执行的事物，而节点是执行构件的事物。简单地说，构件是被节点执行的事物，如假设节点是一台服务器，则构件就是其上运行的软件。

构件表示逻辑元素的物理模块，而节点表示构件的物理部署。这表明一个构件是逻辑单元（如类）的物理实现，而一个节点则是构件被部署的地点或物理设备。一个类可以被一个或多个构件实现，而一个构件也可以部署在一个或多个节点上。

2. 节点构造型

UML 为节点提供了许多标准的构造型，分别命名为 «cdrom»、«cd-rom»、«computer»、«disk array»、«pc»、«pc client»、«pc server»、«secure»、«server»、«storage»、«unix server» 和 «user pc»，并在节点符号的右上角显示适当的图标。通过使用带有构造型的节点，可以更加灵活地建模不同的应用场景，且表达的语义信息更加丰富、准确。

12.1.3　关系

关系是节点之间的连接（connection）。节点之间最常见的关系是关联关系，可以使用关联关系的各种修饰，如角色、多重性和约束等典型的关联关系的变体，以代表不同的连接形式。

在部署图的语境中，关联表示节点之间的物理连接，例如以太网连接、串行线连接或共享总线。如图 12-4 所示是一个网络系统的部署图，描述了网络协议为构造型和关联终端的多重性。

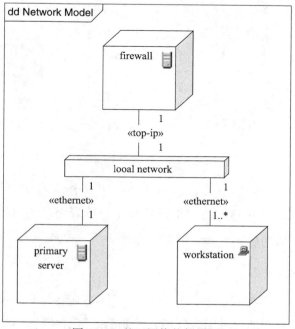

图 12-4　基于网络的部署图

12.2　常用建模技术

12.2.1　建模处理器和设备

　　节点的最普通的用处是对嵌入式、客户／服务器式或分布式系统的拓扑结构中的处理器和设备进行建模。

　　因为 UML 的所有扩展机制都适用于节点，所以常常要利用构造型来规定新的节点类型，用来表达特定类型的处理器和设备。处理器是具有处理能力的节点，即它能执行制品。设备是一个没有处理能力的节点（至少在这个抽象层次上不能对处理能力建模），例如，打印机、显示器。

　　通常，对处理器和设备建模，要遵循如下策略：

　　1）识别系统部署视图中的计算节点，并建模每个计算节点。

　　2）如果这些模型元素代表一些特定的处理器和设备，则将它们构造型化，并给出相应的构造型表示形式。

　　3）像对类建模那样，考虑可以应用到各节点的属性和操作。

　　例如，图 12-5 取自图 12-4 并将每个节点构造型化。server 是一个被构造型化为一般处理器的节点，使用了构造型标记《processon》。kiosk 和 console 是被构造型化为特殊处理器的节点；RAID farm 是一个被构造化为特殊设备的节点。建模时，可以根据建模工具所提供的构造型标识，灵活地建模部署图。

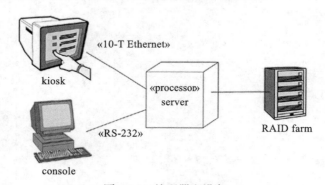

图 12-5　处理器和设备

　　节点可能是 UML 中使用构造型最多的构造块，作为系统工程的一部分，当对软件密集型系统的部署视图建模时，提供适宜于与读者交流的可视化模型是很有价值的。这种模型方式更加灵活，表达的语义也更加丰富，便于人们理解和交流。

12.2.2　建模制品的分布

　　当对系统的拓扑结构建模时，可视化或者详述其制品在系统的处理器和设备上的物理分布通常是有用的，可明确建模软件制品的部署情况。

对制品的分布建模，要遵循如下原则：

1）对于系统中每个有意义的制品，将其分配到一个给定的节点上。

2）考虑制品在节点上的重复放置。同种制品（例如某种可执行程序和库）可存在于多个不同节点上，即允许该制品同时放置在不同节点。

3）你可根据建模需要，使用下面的方式进行建模：

①不使分配成为可见的，但要保留它们作为模型的基架的一部分，即保留在每一个节点的规约中。

②使用依赖关系，将每一个节点与部署其上的制品连接起来。

③在附加栏中详细列出节点上所部署的制品，显示说明节点上部署了哪些制品。

图 12-6 源自图 12-5 并采用上述第三种方式来说明每个节点上驻留的可执行制品。该图与前面几个图不同，它是一个对象图，可视化地给出了每个节点的具体实例。图中 RAID farm 和 kisok 都是匿名的实例，而其他两个实例都是具名实例，console 的名称是 c，server 的名称是 s。图中的每个处理器都用附加栏加以绘制，以显示在其上部署的制品或软件构件。server 对象节点具有属性（processorSpeed 和 Memory）及其对应的值。部署栏可以展示制品名字的文本列表，或者展示嵌套的制品符号。

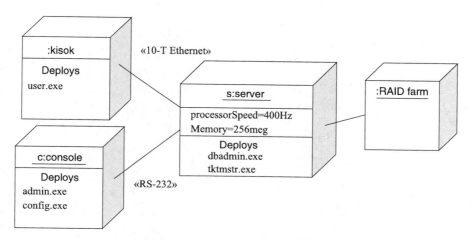

图 12-6 对制品的分布建模

12.3 小结

部署图描述了系统运行时的硬件节点、在这些节点上运行的软件构件，以及它们将如何进行通信的静态视图。

部署图包括两种基本的模型元素：节点和节点间的连接。节点包括两种类型，即处理器和设备，前者具有计算能力，后者不具备计算能力。

　　部署图显示了系统的硬件、安装在硬件上的软件及用于连接硬件的各种协议和中间件等。

　　系统开发人员和部署人员可以利用部署图了解系统的物理运行情况。如果开发的软件系统只需在一台计算机上运行，且使用的是标准设备，则不需要为它画出系统部署图。通常，部署图用于建模那些复杂的物理运行情况。

习题

1. 请说明部署图的建模使用场景及其主要用途。
2. 部署图中各个部件之间的关系如何表示？
3. 请使用部署图，建模一个基于 B/S 架构的网上图书馆系统，其主要功能有预约借书、网上借书、图书查询、还书等。

第 13 章　UML 的扩展语言

13.1　概述

对一个系统进行建模，可以使用的建模语言有很多，如统一建模语言 UML、系统建模语言 SysML、实时与嵌入式系统的建模与分析语言 MARTE、形式化过程建模语言 FLEX、面向事件的形式化语言 AltaRica 等。每一种语言都有各自的特点及不足之处，也有各自的使用场景和使用对象。UML 是一种通用的标准化建模语言，为系统的建模提供了一个通用的语言框架。但是，这种通用性带来的问题是 UML 建模机制的宽泛性导致缺乏针对特定领域的建模语言。因此，在实际建模过程中，人们提出对 UML 语言本身进行扩展，以适应不同的建模应用场景。幸运的是，UML 本身提供了各种扩展机制，如构造型、profile 扩展机制等，以满足人们的不同建模需求。其中，使用最广泛的 UML 扩展语言是系统建模语言 SysML 和实时与嵌入式系统的建模与分析语言 MARTE，它们利用 UML 的 profile 扩展机制，分别在 UML 的基础上新增了系统建模和面向实时系统的建模元素，用以支持建模特定的应用领域。本章将简单介绍一下这两种建模语言。

13.2　系统建模语言 SysML

对象管理组织（OMG）决定在对 UML 2.0 的子集进行重用和扩展的基础上，提出一种新的系统建模语言——SysML（Systems Modeling Language），作为系统工程的标准建模语言。与 UML 用来统一软件工程中使用的建模语言一样，SysML 的目的是统一系统工程中使用的建模语言，它可以支持对各种复杂的系统进行详细的描述、分析、设计、检验和确认。

13.2.1　SysML 的语义

SysML 为系统的结构模型、行为模型、需求模型和参数模型提供了语义支持。结构模型强调系统的层次结构以及对象之间的相互连接关系，包括类和装配。行为模型强调系统中的对象的行为，包括它们的活动、交互和状态历史。需求模型强调需求之间的追溯关系以及设计对需求的满足关系、需求验证等。参数模型强调系统或部件的属性之间的约束关系。SysML 为模型表示法提供了完整的语义。SysML 是 UML 在系统工程应用领域的延续和扩展，SysML 的重点是标准建模语言而不是标准过程或方法。与 UML 一样，SysML 的结构也是基于四层元模型结构：元－元模型、元模型、模型和对象模型。不过 SysML 重用和扩展了 UML 的许多包，SysML 的用户模型是通过实例化模型元素的构造型（stereotype）和元类（metaclass）以及构造模型库中类的子类来创建的。

13.2.2　SysML 的图形表示

SysML 的模型图为系统结构的可视化建模提供了支持，主要用于建模系统的架构。SysML 定义了九种基本图形来表示模型的各个方面。从模型的不同描述角度来划分，这九种基本图形分成三类：结构图（Structure Diagram）、需求图（Requirement Diagram）和行为图（Behavior Diagram），如图 13-1 所示。结构图包括块定义图（Block Definition Diagram，BDD）、内部框图（Internal Block Diagram，IBD）和包图（Package Diagram），行为图包括活动图（Activity Diagram）、顺序图（Sequence Diagram）、用例图（Use Case Diagram）和状态机图（State Machine Diagram），参数图（Parametric Diagram）是在内部框图的基础上新增加的图形。其中，包图、顺序图、状态机图和用例图都是从 UML 的基本建模元素中直接重用过来的，块定义图、内部框图和活动图是对 UML 的重用及扩展，而参数图和需求图是 SysML 中全新的模型图，是 UML 模型图中所没有的。

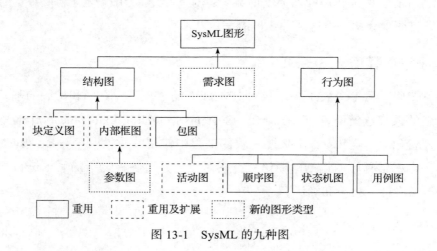

图 13-1　SysML 的九种图

因此，下面将简单介绍 SysML 中对 UML 进行扩展的三种图类型，以及两种新增加的图形类型，而另四种重用的模型图将不再赘述。

1. 块定义图

块定义图（BDD）是最常见的 SysML 图，在 BDD 中可以显示不同类型的模型元素和关系。在 BDD 中显示的模型元素包括模块、角色、值类型、约束模块和接口等，都是其他模型元素的类型，它们会出现在其他 8 种 SysML 图中。块（Block）是 SysML 结构的基本单元，可以使用块为系统中或者系统外部环境中任意一种感兴趣的实体类型创建模型。图 13-2 展示了块定义图的一个实例，建模了系统的结构组成。

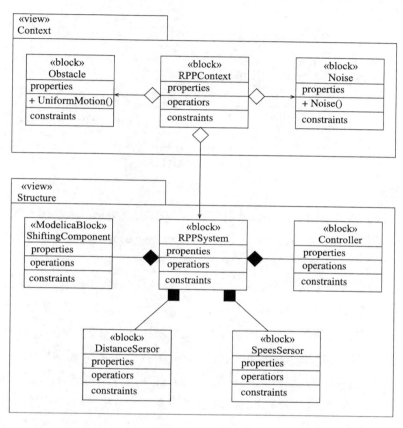

图 13-2　块定义图

2. 内部块图

内部块图（IBD）是系统的静态视图，描述了系统的内部结构，表达了系统的组成部分必须如何组合才能构建有效的系统，还会显示系统如何与外部接口相连接。IBD 的元素类型包括外部角色、模块、端口和连接器，模块用来表达系统及系统内部组成，外部实体表达与系统有交互关系的外部角色，端口是模块与模块之间、模块与系统之间交互的进出口，连接器用来连接端口。简单的几种元素类型即可构建完整的内部模块图，描述系统的结构。图 13-3 展示了一个内部框图的实例，PowerSubsystem 子系统包含 6 个子部件（模块），子部件之间通过端口进行交互。例如，VehicleController 部件能够向 Engine 及 Transmission 部件发送信号。此例子简单示意了内部块图用于表示模块之间的关系，结构信息很清楚。

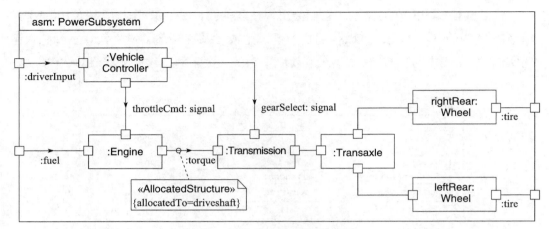

图 13-3   内部块图

3. 活动图

活动图强调活动的输入输出、顺序和条件选择。SysML 活动图和系统工程领域常用的增强功能流块图（Enhanced Functional Flow Block Diagram，EFFBD）类似，只是采用的术语和符号不同。

SysML 活动图对 UML 活动图进行了扩展，包括把控制作为数据，表示连续的物质流或能量流，引入概率等。在 UML 活动图中，控制只能使动作开始。在 SysML 活动图中，控制既能使动作开始，又能使正在执行的动作终止。SysML 支持控制操作符，它是一个逻辑操作符，可以根据输入产生一个控制值输出。SysML 支持对实体流速率的建模，包括物质、能量及信息的连续流和离散流。SysML 扩展了对象节点，包括插脚，使得新的值可以取代对象节点中已经存在的值。这两个扩展对于确保动作获得最新信息、避免快速或连续流动的值聚集在对象节点以及对瞬时值，如建模电信号是有用的。SysML 在活动中引入了概率，用来表示一个值离开决策点的可能性，输出参数集也可以用概率表示某个输出的可能性。SysML 为活动扩展了类图符号，说明了活动之间的组合关联语义，定义了活动图和类图之间的一致性规则。详细细节说明可以参见 SysML 规约的官方文档。

4. 参数图

参数图是一种新的 SysML 图形，定义了一组系统属性以及属性之间的参数关系。参数关系说明了一个属性值的变化怎样影响其他的属性值，参数关系是没有方向的。参数模型是分析模型，把行为模型和结构模型与工程分析模型如性能模型和可靠性模型等结合在一起，能用来支持性能分析、评价各种备选的解决方案。

参数约束可以使用构造型 «paramConstraint» 表示，通常与 SysML 配置图结合起来使用。«paramConstraint» 声明一个配置需要使用的参数需要满足的约束。参数约束内部可以包含其他参数约束，但不能包含其他部件或属性。参数约束关系用来表示系统的结构模型中属性之间的依赖关系，可以是基本的数学操作符号表示，也可以是与物理系统的性质有关的数学表达式，如 $F = m*a$、$a = \mathrm{d}v/\mathrm{d}t$ 等。图 13-4 展示了参数图的实例。图 13-4a 是参数图的简单示例，表示变化率 $\mathrm{d}(c)/\mathrm{d}(t)$ 的计算方式，其输入参数是 c，输出参数是 e。图 13-4b）建模了一个简单的刹车系统的参数之间的依赖关系，其中刹车的力的公式、加速公式、距离公式等都是根据系统的物理部分进行建模的，此参数图能够清晰地表示各个参数之间的依赖关系。

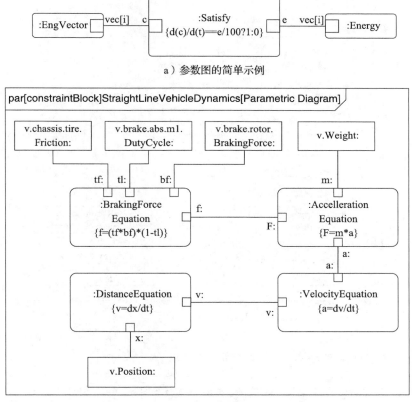

a）参数图的简单示例

b）参数图的详细示例

图 13-4　参数图

5. 需求图

需求图是一种新的 SysML 图形，能够描述需求和需求之间以及需求和其他建模元素之间的关系。需求是指系统必须满足的能力或条件，一个需求能够分解成多个子需求。通常使用需求图建模系统需要满足的约束要求。SysML 使用类的构造型 «requirement» 表示需求，有两个属性：text 和 id，前者是需求的文本描述，后者是需求的标识符。用户可以定义需求的子类，如操作需求、功能需求、接口需求和性能需求等。使用导出关系 «derive» 表示一个需求可以从另一个需求产生或导出，使用满足关系 «satisfy» 表示一个需求能被其他模型元素实现，使用验证关系 «verify» 表示一个需求能被测试例子验证。SysML 的 «derive»、«satisfy» 和 «verify» 都是继承 UML 的 «trace»。SysML 用 «rationale» 表示基本原理注释元素，能够附加在任何模型元素上，用来说明建模决策如分析决策或设计决策的原理或原因。图 13-5 展示了一个需求图的实例。此模型图表示系统的需求约束是系统能够以最大概率避免障碍物，耗最低的能量，其中包含两个子需求，其一是避免的概率应该在 [0，0.3] 之间，能量的消耗应该在某个区间。

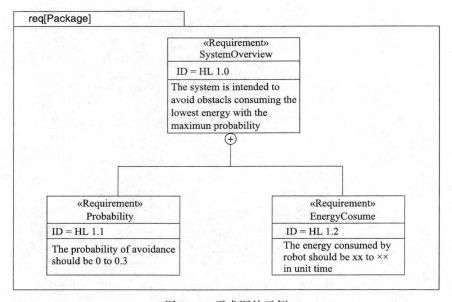

图 13-5　需求图的示例

13.2.3　SysML 的主要特点及应用领域

　　SysML 是 UML 在系统工程应用领域的延续和扩展，它在 UML 2.0 的基础上重用了状态机、时序图；扩展了活动图、类和辅助建模。不但如此，SysML 还新增了一些 UML 没有的建模元素，如需求、参数和配置，弥补了 UML 在系统工程领域建模存在的缺乏严格的语义、功能描述不足、重用性低和互操作性差等缺陷。

　　与其他系统工程建模语言相比，SysML 是一种通用的、功能强大的标准建模语言。它消除了不同方法在表达法和术语上的差异，避免了符号表示和理解上不必要的混乱。SysML 独立于任何一种系统工程过程和方法。SysML 的应用必然与软件开发过程相关，不同的系统工程应用领域要求不同的过程。SysML 的开发者提出的开发过程是模型驱动，以体系结构为中心，迭代增量的开发过程。SysML 能够对系统工程的各种问题建模，适用于系统工程的不同阶段，特别是在系统工程的详细说明阶段和设计阶段，使用 SysML 来说明需求、系统结构、功能行为和配置非常有效。

13.3　实时与嵌入式系统的建模与分析语言 MARTE

实时与嵌入式系统的建模与分析语言（Modeling and Analysis of Real Time and Embedded systems，MARTE）由 OMG 于 2007 年年底发布，是 UML 在嵌入式实时系统领域的建模规范。作为 UML 的轻量级扩展，MARTE 取代了之前的建议 SPT（Schedulability, Performance and Time）标准，支持对嵌入式实时系统的非功能属性（Non-functional Property，NFP）建模，弥补了 UML 在嵌入式实时领域非功能属性建模能力的不足，成为实时建模领域的正式标准建模规约。

13.3.1　MARTE 与 UML 的关系

MARTE 在需求描述的分析和设计方面发挥了强大的可视化建模的优点，支持使用类图、对象图、活动图、用例图等模型从静态和动态方面对系统进行分析和建模。作为对 UML 的轻量级扩展，MARTE 使用构造型（stereotype）、标记值（tagged-value）和约束（constraint）等元素来扩展 UML 的建模能力，利用它的值描述语言（Value Specification Language，VSL）定量或定性地描述 UML 模型中的非功能属性。

13.3.2　MARTE 的组成部分

MARTE 包含 4 个子扩展：基础模型，设计模型，分析模型和附加的那些与 NFP 有关的、出现在 MARTE_Library 中的很多有用的数据类型。其中，前三者关系如图 13-6 所示。

MARTE 中的概念主要分为 MARTE 基础包（MARTE Foundations）、MARTE 设计模型包（MARTE Design Model）和 MARTE 分析模型包（MARTE Analysis Model）3 个部分，其中 MARTE 基础包中包括建模嵌入式实时系统的基本元素，如时间、资源、分配等和一系列核心建模元素，它是 MARTE 建模最核心的部分。MARTE 设计模型包将构件、高级应用以及详细的资源建模结合起来，用来对于系统的细节进行建模和设计，同时对实时系统的行为建模也相应做了介绍。MARTE 分析模型包对系统的质量、调度以及性能等一些非功能属性进行建模，充分体现了实时系统的并发特性并对其进行了模型层上的分析。

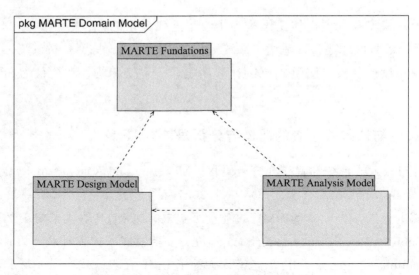

图 13-6　MARTE 三个主要扩展间的关系图

图 13-7 描述了 MARTE 的体系结构组成，详细说明了 MARTE 所有包的结构及这些包之间的依赖关系。这些 MARTE profile 包构成了 MARTE 建模规范的主体内容，为嵌入式实时系统建模与分析提供了基础的建模理论、建模元素支持。

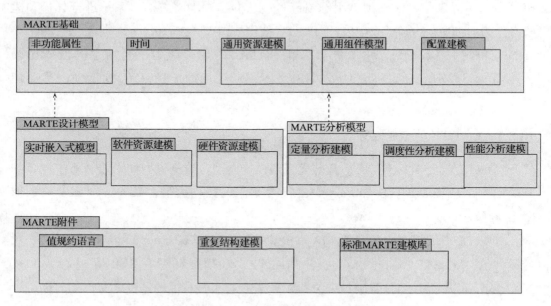

图 13-7　MARTE 的体系结构

13.3.3　MARTE 对时间与非功能属性的建模

由于 UML 缺乏对于时间、非功能属性等的描述，因此，在 MARTE 标准中新增加了一些支持建模时间、非功能属性的建模元素。我们可以用 MARTE 对实时系统进行时间、资源等相关的建模。

1. 建模时间

对实时系统的时间建模主要利用 MARTE 中时间（Time）包的建模元素。Time 包中定义了时间结构（Time Structure）、时间访问（Time Access）和时间应用（Time Usage），定义了所有 MARTE 中必要的时间建模元素和建模方式，包括四部分内容，如图 13-8 所示。其中，时间访问方式定义了时钟（Clock）、时钟类型（ClockType）等表示时间结构所需的概念和方式。时钟是最常用的用来访问时间结构的建模元素，有物理时间（Chronometric Time）和逻辑时间（Logic Time）两种。逻辑时钟通过事件来定义（通过 definingEvent 属性完成），用 Clock 的事件 clockTick 发生的次数表示。设计人员能够根据实时系统的需求，分析与时间相关的建模要求，使用 MARTE 时间包中提供的建模元素对时间进行详细建模说明。

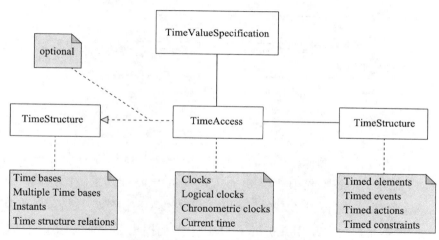

图 13-8　时间包结构中的组成元素

2. 建模非功能性属性

利用 MARTE profile 中 NFP 库建模系统中的非功能（如能耗、成本、性能等）相关行为。MARTE 的一般资源元素的元建模主要是从通用资源建模包（GRM）中抽取并建立的，它定义了资源元素、资源服务、资源使用等资源相关的元模型及它们之间的关联关系。图 13-9 给出了 MARTE 资源元素的元模型，其中，Resource 表示一个资源，它有一个或多个资源服务（ResourceService），每个资源服务都能被泛化成为 Acquire、Release 等服务。而一个 Resource 可以实例化 0 个或多个资源实例（ResourceInstance）。一个 Resource 也定义了时钟元素 Clock。ResourceUsage 表示资源使用，它可以使用 0 个或多个资源，而 UsageTypeAmount 则表示某类资源使用的数量，其中 energy 定义了能耗，它的类型为 NFP_Energy，在实时系统中，它表示单位时间内的能耗量，而总能耗量则是 energy 和 Clock 实例的乘积（总能耗 = 单位时间能耗 * 时间）。

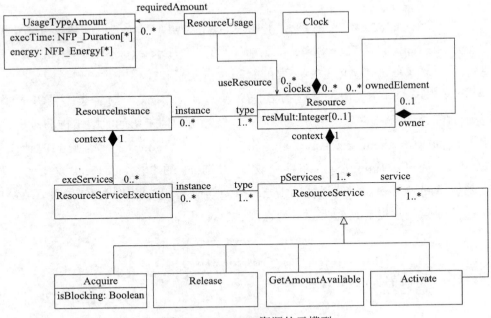

图 13-9   MARTE 资源的元模型

13.4 小结

本章主要从语言的发展、扩展机制、图形表示、语义等方面介绍了两种较为主流的建模语言——系统建模语言 SysML 和实时与嵌入式系统的建模与分析语言 MARTE。这两种语言是在 UML 的基础上，针对 UML 在建模系统架构和实时嵌入式系统方面的不足之处，重用并扩展了 UML，进而提出了分别适用于建模系统的架构以及实时建模的建模语言。本章的主要目的是帮助读者了解一些基于 UML 的扩展语言，进一步了解 UML 作为一种通用的建模语言，只提供了通用的基本建模元素，当需要针对特定领域建模时，UML 的基本建模元素无法解决所有实际的建模问题。幸运的是，UML 提供了多种扩展机制，能够通过语言的扩展，定义适合于特定领域的建模语言，为不同领域的软件建模提供支持。

第14章 网上选课系统

本章将结合 UML 多视角建模技术与模型驱动软件开发方法，根据"用例驱动、以架构为中心、迭代增量开发"的思想，结合网上选课系统的实际案例，从需求描述出发，逐步构造该系统的用例模型、类模型、顺序图模型等。读者将从实际案例中学习到如何使用本书介绍的各种 UML 模型构建系统的多视角模型，更好地分析、理解系统的需求，并以模型驱动的方式进行系统设计。

14.1 问题描述

随着科学技术与互联网的高速发展，网络在现代社会中的地位越来越重要。现今，计算机硬件与网络设备的性能越来越成熟，为校园信息化建设创造了有利的条件。传统的选课方式，不仅让教务管理人员管理选课困难，而且阻碍了学生的课程爱好与兴趣，这使得网上选课系统的需求逐渐增加。网上选课系统已成为高校管理的必然选择。

在"网上选课系统"中，系统管理员负责系统的管理维护工作，包括课程的添加、删除和修改，学生信息的添加、删除、查询和修改。学生可以通过浏览器登录学号和密码进入选课界面，在这里学生可以查询已选课程和自己的基本信息以及指定自己的选修课程，也可以进行选课操作。

14.2 用例建模

首先，我们根据基于角色的建模方法分析网上选课系统的主要角色有两大类，即系统的用例模型有两个参与者："学生"（Student）和"系统管理员"（SystemManager）。系统为学生提供的主要功能包括登录系统（Login in）、查询课程（Query Course）、选择课程（Select Course）以及查询个人信息（Query Personal Information），用例图如图 14-1 所示。

系统为管理员提供的服务包括登录（Login in）、查询学生信息（Query Student Information）、修改学生信息（Modify Student Information）、添加课程（Add Course）、修改课程（Modify Course）、删除课程（Delete Course）、删除学生信息（Delete Student Information）和添加学生信息（Add Student Information），用例图如图 14-2 所示。

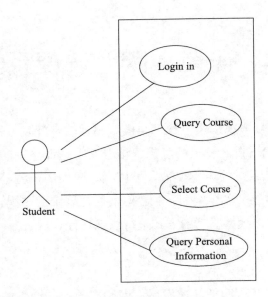

图 14-1　学生用例图

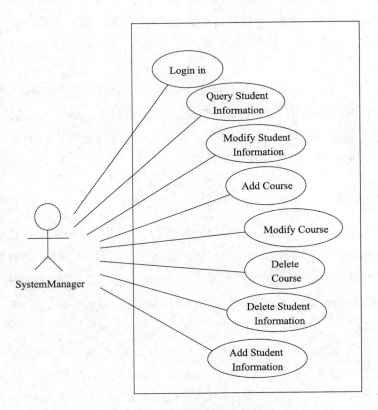

图 14-2　系统管理员用例图

用例模型以可视化的方式展示了系统的主要功能划分，为了进一步明确说明用例的细节信息，我们将使用用例描述模板对其中一些用例进行详细的描述。

14.2.1　登录系统用例描述

用例名称：登录系统（Log in）

用例描述：学生或系统管理员可以通过输入自己的学号或用户名及其相应的密码进入选课系统，如果学号和密码不匹配，则无法进入系统。

参与者：学生、系统管理员

前置条件：学生连接到系统登录界面。

标准流程：

1）学生输入学号以及密码。

2）系统判断学号是否存在及密码的正确性。

3）输入正确，进入系统功能界面。

替换过程：

步骤 3）：学生输入的学号不存在，系统显示错误信息。

步骤 3）：学生输入的学号对应的密码不正确，系统显示错误信息。

后置条件：进入系统功能界面。

14.2.2　查询课程用例描述

用例名称：查询课程（Query Course）

用例描述：学生可以在查询界面了解可供自己选择的各门课程的详细信息。

参与者：学生

前置条件：学生登录进入系统。

标准流程：

1）学生请求进入查询课程界面。

2）系统显示学生可以选择的各门课程。

3）学生选择一门课程。

4）系统显示该课程的详细信息。

替换过程：

步骤 3）：学生没有选择课程就退出或学生选课失败。

后置条件：系统显示可查询的课程列表。

14.2.3　选择课程用例描述

用例名称：选择课程（Select Course）

用例描述：在选课界面选择自己要选修的课程并确认提交。

参与者：学生

前置条件：学生登录进入系统。

标准流程：

1）包含查询课程用例的步骤。

2）学生选择一门课程，并确认提交。

3）系统判断该课程选修人数未满，将该课程添加到该学生的选修课程中去。

4）选择课程成功，系统显示成功提示信息。

替换过程：

步骤 2）：学生未选择课程并退出系统。

步骤 3）：系统判断选修该课程人数已满，无法添加到学生选修课程。

步骤 4）：选择课程失败，系统显示失败提示信息。

后置条件：系统显示学生已选择课程信息。

14.2.4 查询学生信息用例描述

用例名称：查询学生信息（Query Student Information）

用例描述：依据学生的学号和姓名对在校学生的基本信息进行查询。

参与者：系统管理员

前置条件：系统管理员登录进入系统。

标准流程：

1）系统管理员输入学生学号或姓名进行查询。

2）系统判断输入的学生学号、姓名是否存在。

3）系统将查询的学生信息显示出来。

替换过程：

步骤 2）：系统管理员输入的学号或姓名不存在。

步骤 3）：系统查询结果为空，返回查询为空提示。

后置条件：系统显示查询结果。

14.2.5 删除学生信息用例描述

用例名称：删除学生信息（Delete Student Information）

用例描述：将不再需要保存的学生的个人信息从数据库中删除。

参与者：系统管理员

依赖：包含查询学生信息用例。

前置条件：系统管理员登录进入系统。

标准流程：

1）包含查询学生信息用例步骤。

2）系统显示要删除的学生信息。

3）系统管理员确认选择删除。

4）系统将该学生信息删除。

替换过程：

步骤 2）：系统显示结果为空，该学生不存在或已删除。

后置条件：系统显示删除结果信息。

14.2.6 添加课程用例描述

用例名称：添加课程（Add Course）

用例描述：将新开设的课程及信息添加到系统并保存在数据库中。

参与者：系统管理员

前置条件：系统管理员登录进入系统。

标准流程：

1）系统管理员申请添加课程。

2）系统显示添加课程界面。

3）系统管理员输入要添加的课程信息。

4）系统将该课程添加进数据库，添加成功。

替换过程：

步骤 4）：数据库中已存在该课程信息，添加失败。

后置条件：系统显示添加结果信息。

14.3 静态建模

在获得系统的用例模型以后，根据系统的功能需求划分，可创建系统的静态模型——类模型。

首先，确定系统参与者——学生和系统管理员的属性。根据系统的需求描述，系统管理员的属性为用户名（username）和密码（password），而学生的属性包括其个人基本信息，如学号、姓名、性别、年龄和专业等。根据这些可以初步建立类模型。

其次，可以确定主要的业务实体类，这些类通常需要在数据库中存储，例如，一个课程类用来存储课程信息。除此之外，系统管理员要对数据库的数据执行添加、修改、查询和删除的操作，这就需要一个与数据库里的数据进行交互的类来控制。

同时，还需要处理业务的界面类。这些业务实体类的表示如图 14-3 所示。

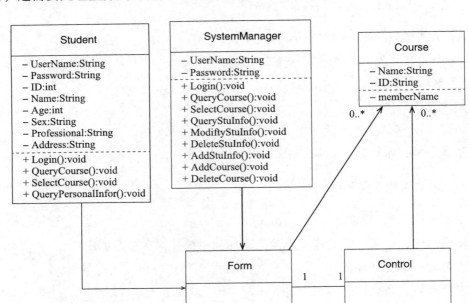

图 14-3   "网上选课系统"的实体类

14.4   动态建模

建模系统的动态行为是软件建模过程中的重要任务之一。只有系统的静态结构模型是不够的，动态行为模型从不同视角展现了系统的行为的各个方面。对象之间的相互作用构成动态模型。所以动态建模可以通过两种方式实现：一种是以相互作用的一组对象为中心，即交互图，包括顺序图和通信图；另一种是以独立的对象为中心，包括活动图和状态图。

14.4.1   创建交互图

1. 学生登录选课系统

学生登录选课系统的顺序图如图 14-4 所示。其中，信息的交互如下：

1）学生希望通过网上选课系统进行某项操作。

2）学生登录系统，在登录界面（LoginForm）输入自己的用户名和密码并提交。

3）系统将学生提交的信息传递到 Control 类中，与数据库进行交互，检验用户的身份是否合法。

4）检验完毕后返回结果并在登录界面显示。如果合法，则进入继续下一步操作；若不合法，则显示重新输入或退出。

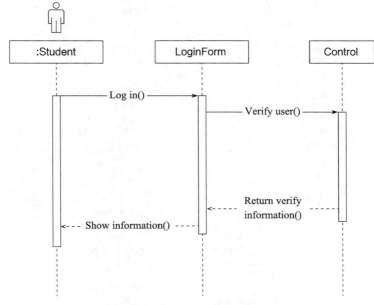

图 14-4　学生登录选课系统的顺序图

2. 学生查询选课信息

学生查询选课信息的顺序图如图 14-5 所示。其中，信息的交互如下：

1）学生进入查询界面（QueryForm1），发送查询选课信息的请求。

2）界面向控制对象 Control 发送请求查询课程信息，Control 到数据库中查询。

3）界面从 Control 得到反馈回来的课程信息（Course），并返回到选课界面显示查询到的课程信息。

4）学生从界面获得课程信息。

3. 学生选课

学生选课的顺序图如图 14-6 所示。其中，信息的交互如下：

1）学生进入选课系统界面（SelectForm），确定选修的课程并提交。

2）选修课程界面将学生所选课程信息传递给 Control 对象，Control 再将这些课程信息与数据库中的课程信息进行交互比较，判断选课操作是否成功。

3）如果成功，则执行选课操作，并将结果保存到数据库中。

4）通过 Control 返回选课成功信息到界面。

5）学生从界面获得信息。

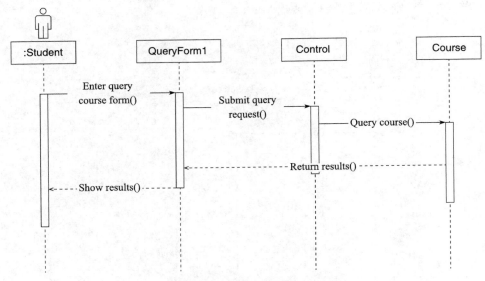

图 14-5　学生查询选课信息的顺序图

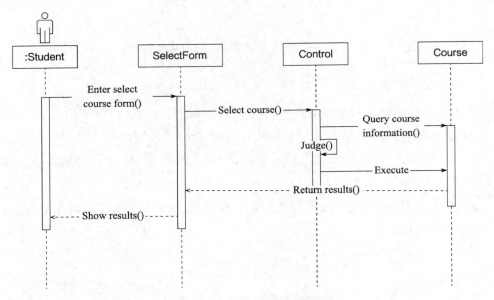

图 14-6　学生选课的顺序图

4. 学生查询个人信息

学生查询个人信息的顺序图如图 14-7 所示。其中，信息的交互如下：

1）学生进入查询个人信息界面（QueryForm2）。

2）在界面中提交查询请求。

3）界面将学生查询的信息传递给 Control。

4）通过 Control 从数据库中获得个人信息，并将个人信息返回到查询界面显示。

5）学生从显示信息的界面获得所需信息。

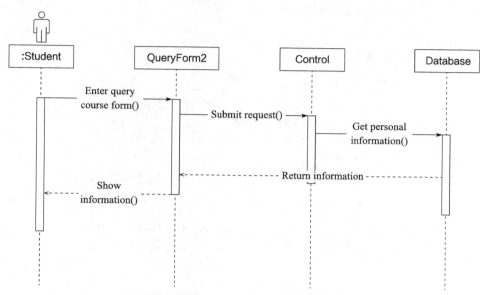

图 14-7　学生查询个人信息的顺序图

5. 系统管理员登录选课系统

系统管理员登录选课系统的顺序图如图 14-8 所示。其中，信息的交互如下：

1）系统管理员想要在网上选课系统中进行某一操作。

2）登录系统，在登录界面输入自己的用户名和密码并提交。

3）系统将提交的用户名和密码传递到 Control 中，检验身份是否合法。将用户信息与数据库中的信息进行对比来验证身份。

4）将验证结果返回到登录界面显示。

5）系统管理员在登录界面获得结果。若身份通过，继续进行下一个操作；若身份未通过，则重新登录或退出。

6. 系统管理员添加选修课程

系统管理员添加选修课程的顺序图如图 14-9 所示。其中，信息的交互如下：

1）系统管理员进入添加选修课程界面（AddForm），并在界面中提交添加课程的信息。

2）界面将系统管理员提交的课程信息传递到 Control。

3）Control 向数据库查询课程相关信息并对查询结果做出判断，判断是否可以添加。

4）若可以添加，Control 向数据库插入添加的选修课程的数据。

5）添加完毕，Control 将添加成功的信息返回到界面。

6）系统管理员在界面中获得添加成功的信息。

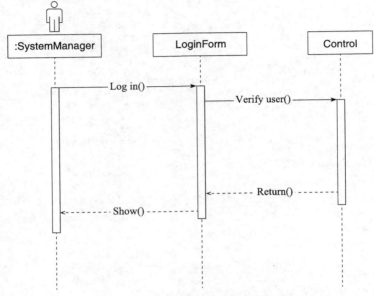

图 14-8　系统管理员登录选课系统的顺序图

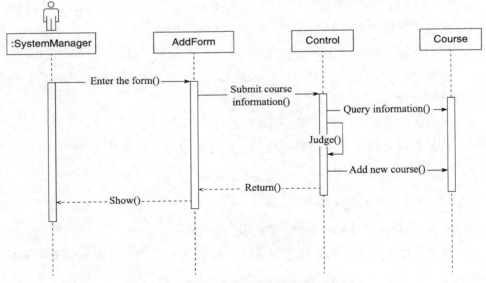

图 14-9　系统管理员添加选修课程的顺序图

7. 系统管理员修改选修课程

系统管理员修改选修课程的顺序图如图 14-10 所示。其中，信息的交互如下：

1）系统管理员进入修改选修课程界面（ModifyForm），并在界面中提交修改课程的信息。

2）界面将系统管理员提交的课程信息传递到 Control。

3）Control 向数据库查询课程相关信息并对查询结果做出判断。

4）Control 向数据库插入修改选修课程后的数据。

5）修改完毕，Control 将修改成功的信息返回到界面。

6）系统管理员在界面中获得修改成功的信息。

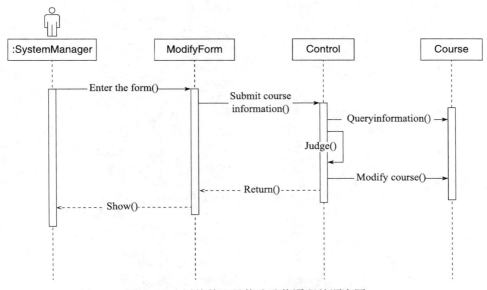

图 14-10   系统管理员修改选修课程的顺序图

8. 系统管理员删除选修课程

系统管理员删除选修课程的顺序图如图 14-11 所示。其中，信息的交互如下：

1）系统管理员进入删除选修课程界面（DeleteForm），并在界面中提交删除课程的信息。

2）界面将系统管理员提交的课程信息传递到 Control。

3）Control 向数据库查询课程相关信息并对查询结果做出判断。

4）Control 在数据库中执行删除课程的数据。

5）执行完毕，Control 将删除成功的信息返回到界面。

6）系统管理员在界面中获得删除成功的信息。

9. 系统管理员查询学生信息

系统管理员查询学生信息的顺序图如图 14-12 所示。其中，信息的交互如下：

1）系统管理员进入查询信息界面（QueryForm），并在界面中提交查询的请求。

2）界面将系统管理员提交的查询请求传递到 Control。

3）Control 从数据库中得到所查询的学生的信息。

4）Control 将得到的信息返回到界面并显示。

5）系统管理员从界面获得所查询学生的信息。

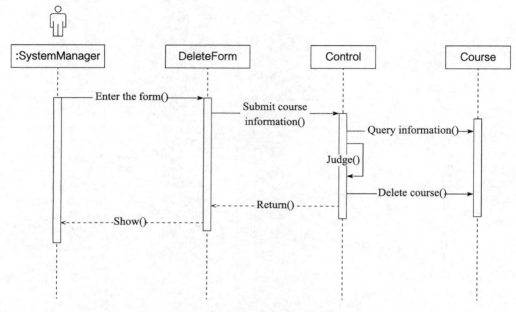

图 14-11　系统管理员删除选修课程的顺序图

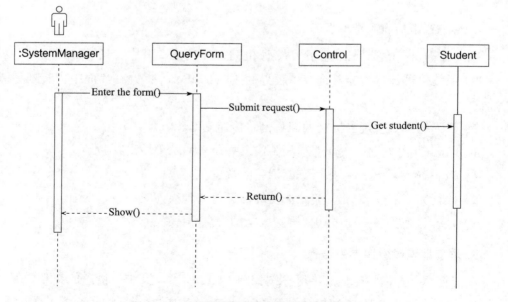

图 14-12　系统管理员查询学生信息的顺序图

10. 系统管理员添加学生信息

系统管理员添加学生信息的顺序图如图 14-13 所示。其中，信息的交互如下：

1）系统管理员进入添加学生信息界面（AddInfoForm），并在界面中提交添加学生信息的请求。

2）界面将系统管理员需要查询的信息传递到 Control。

3）Control 在数据库中查询是否已经存在该学生的信息，判断是否可以添加。

4）若可以添加，Control 将新学生的信息添加到数据库并保存。

5）Control 将得到的信息返回到界面并显示。

6）系统管理员从界面获得添加成功的信息。

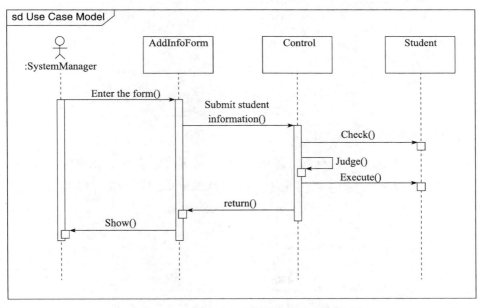

图 14-13　系统管理员添加学生信息的顺序图

11. 系统管理员修改学生信息

系统管理员修改学生信息的顺序图如图 14-14 所示。其中，信息的交互如下：

1）系统管理员进入修改学生信息界面（ModifyInfoForm），并在界面中提交修改学生信息的请求。

2）界面将系统管理员需要查询的信息传递到 Control。

3）Control 在数据库中查询是否存在该学生的信息，判断是否可以修改。

4）若可以修改，Control 对学生的信息进行修改并保存。

5）Control 将得到的信息返回到界面并显示。

6）系统管理员从界面获得修改成功的信息。

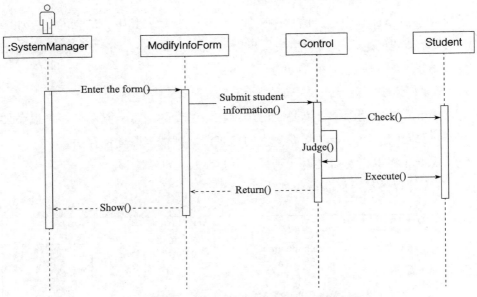

图 14-14　系统管理员修改学生信息的顺序图

12. 系统管理员删除学生信息

系统管理员删除学生信息的顺序图如图 14-15 所示。其中，信息的交互如下：

1）系统管理员进入删除学生信息界面（DeleteInfoForm），并在界面中提交删除学生信息的请求。

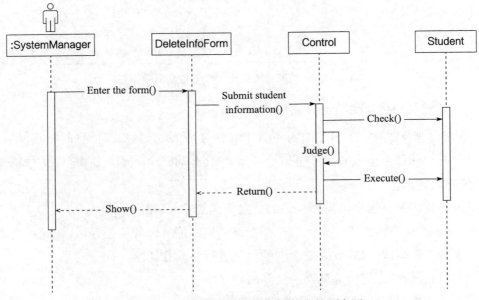

图 14-15　系统管理员删除学生信息的顺序图

2）界面将系统管理员需要查询的信息传递到 Control。

3）Control 在数据库中查询是否存在该学生的信息，判断是否可以删除。

4）若可以删除，Control 将学生的信息删除。

5）Control 将得到的信息返回到界面并显示。

6）系统管理员从界面获得删除成功的信息。

14.4.2　创建状态图

在网上选课系统中，存在着有明确状态转换的类，即课程类。它包括三个状态，表现为被添加的课程、被修改的课程和被删除的课程。这三种状态之间存在着如下的转换规则：

- 系统管理员添加新的选修课程时，添加的新课程能够被学生选择。
- 当课程需要做修改时，由系统管理员来完成修改操作。
- 当课程不再开设时，由系统管理员来完成删除操作。

如上所述，状态图如图 14-16 所示。

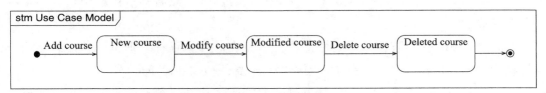

图 14-16　课程状态图

14.4.3　创建活动图

活动图可以描述系统中的参与者是如何协同工作的。在网上选课系统中，可以创建学生和系统管理员的活动图。

1. 学生查看选修课程

学生查看选修课程的活动过程如下：

1）学生在查询课程界面中输入课程信息。

2）界面将信息传递到 Control，对课程进行验证，然后到数据库中去查询所要查询的课程信息。

3）Control 获得课程信息后通过界面显示课程的详细信息。

根据活动过程，可以分析此活动图需要创建三个泳道，分别是 Student、Control 和 Database 三个对象。具体如图 14-17 所示。

2. 学生选课

学生选课的活动过程如下：

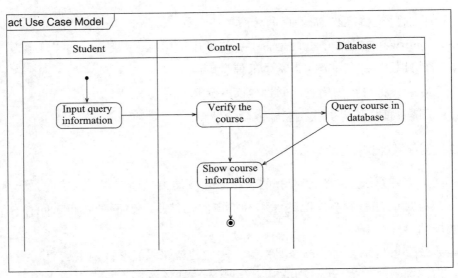

图 14-17   学生查看选修课程的活动图

1）学生在选课界面中输入选择的课程信息。

2）界面将信息传递到 Control，对课程进行验证，然后到数据库中去查询课程是否存在。

3）Control 根据查询结果判断课程是否存在。如果存在，则将选课信息添加到数据库中加以保存；如果不存在，则将提示信息返回到界面予以显示。

4）Control 根据返回的选课结果判断选课是否成功。如果成功，则在选课界面显示选课成功的信息；如果未成功，则显示选课失败。

根据活动过程，可以分析此活动图需要创建三个泳道，分别是 Student、Control 和 Database 三个对象。具体如图 14-18 所示。

3. 系统管理员添加选修课程

系统管理员添加选修课程的活动过程如下：

1）系统管理员在添加课程界面中输入要添加的课程信息。

2）界面将信息传递到 Control，对课程信息进行验证，然后到数据库中去查询课程是否存在。

3）Control 根据查询结果判断课程是否存在。如果存在，则将课程信息添加到数据库中并加以保存；如果不存在，则将提示信息返回到界面予以显示。

4）Control 根据返回的信息添加结果，判断添加课程是否成功。如果成功，则在添加界面显示添加成功的信息；如果未成功，则显示添加失败。

根据活动过程，可以分析此活动图需要创建三个泳道，分别是 SystemManager、Control 和 Database 三个对象。具体如图 14-19 所示。

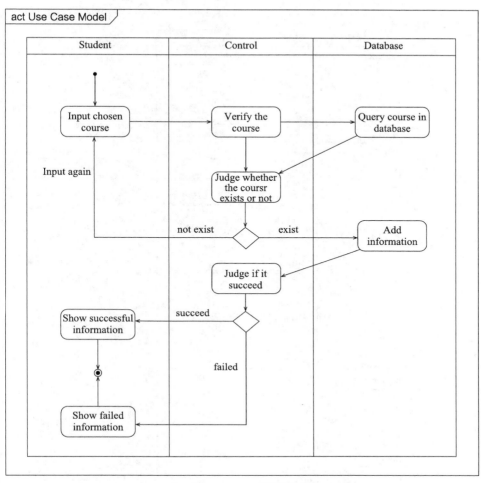

图 14-18　学生选课的活动图

4. 系统管理员修改选修课程

系统管理员修改选修课程的活动过程如下：

1）系统管理员在修改课程界面中输入要修改的课程的信息。

2）界面将信息传递到 Control，对课程进行验证，然后到数据库中去查询课程是否存在。

3）Control 根据查询结果判断要修改的课程是否存在。如果存在，则将原课程信息予以修改并保存；如果不存在，则将提示信息返回到修改界面予以显示。

4）Control 根据返回的信息修改结果，判断修改课程是否成功。如果成功，则在修改界面显示修改成功的信息；如果未成功，则显示修改失败。

根据活动过程，可以分析此活动图需要创建三个泳道，分别是 SystemManager、Control 和 Database 三个对象。具体如图 14-20 所示。

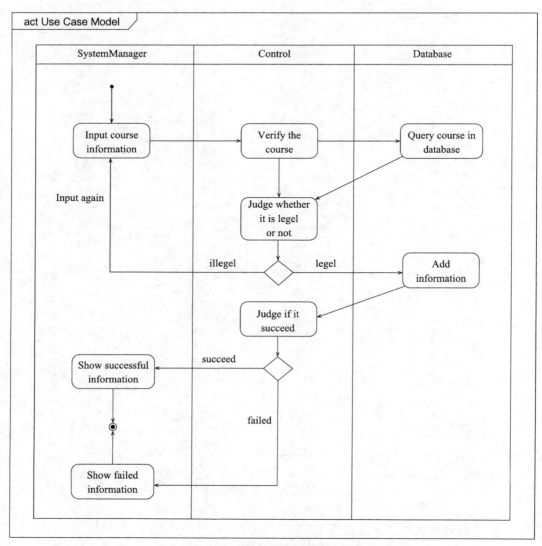

图 14-19   系统管理员添加选修课程的活动图

14.5   系统的构件图

构件之间存在的唯一关系是构件的依赖性，所以可通过依赖关系来估计对系统构件的修改可能给系统造成的影响。在网上选课系统中，通过将构件映射到系统的实现类中，说明构件物理实现的逻辑类。

在网上选课系统中，可以对主要参与者和主要的实体类分别创建对应的构件进行映射。前面在类图中创建了 Student、SystemManager、Control、Form 和 Course 类，可以构建相应的构件模型。除此之外，还需要一个主程序构件，这些构件之间存在依赖关系，如图 14-21 所示。

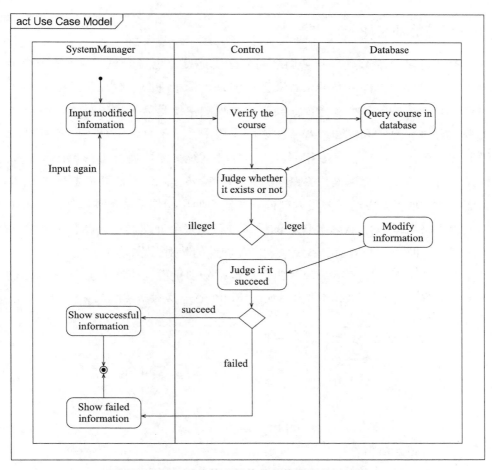

图 14-20 系统管理员修改选修课程的活动图

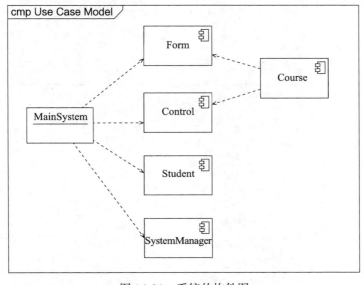

图 14-21 系统的构件图

14.6　系统的部署图

　　部署图可以显示节点以及它们之间的必要连接，也可以显示这些连接的类型，还可以显示组件和组件之间的依赖关系，但是每个组件必须存在于某些节点上。部署图用于对系统的实现视图建模。绘制这些视图主要是为了描述系统中各个物理组成部分的分布、提交和安装过程。在实际应用中，并不是每一个软件开发项目都必须绘制部署图。如果项目开发组所开发的软件系统只需要运行于一台计算机并且只需使用此计算机上已经由操作系统管理的标准设备，就没有必要绘制部署图了。另一方面，如果项目开发组所开发的软件系统需要使用操作系统管理以外的设备（例如数码相机、路由器等），或者系统中的设备分布在多个处理器上，就有必要绘制部署图，用其来帮助开发人员理解系统中软件和硬件的映射关系。

　　在网上选课系统中，系统包括四种节点，分别是数据库服务器节点、系统服务器节点、浏览器节点、打印机节点。如图 14-22 所示是本系统的部署图。

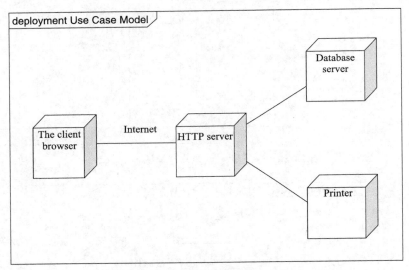

图 14-22　部署图

第15章 ATM系统

ATM系统是一个典型的嵌入式系统，其软件系统与ATM机的硬件密切进行交互，此类系统的特点是系统需要响应各种事件，并做出响应处理。因此，我们将重点建模该系统的状态机模型，刻画系统的状态变迁情况。

15.1 问题描述

每家银行都拥有一些ATM机，这些ATM机分布在不同的区域但都通过广域网连接到一个中央服务器上。每一个ATM机都由一个读卡器、一个吐钞器、一个键盘显示器和一个凭条打印机组成。通过使用ATM机，客户能够取款、存款、查询账户余额或者在账户间转账。

客户需要将卡插入读卡器才会开启一个交易，客户需要输入密码与系统中保留的密码匹配才可以登录系统进行相应的操作。在取款被许可之前，要确定账户余额充足、取款数额未超过取款上限以及本取款机中现金充足。如果交易成功，那么ATM机会打印凭条并弹出银行卡。

一个ATM机操作员可以开启或关闭ATM机，从而为ATM机补充资金或进行维修。

15.2 用例建模

ATM机系统中有两个参与者，分别是客户（Customer）和操作员（Operator），两者都是系统的用户。

客户通过读卡器和键盘与ATM系统交互，可以从银行卡中的账户中取款、查询余额、转账。所有这些操作，对于通过合法身份认证的用户都是可选的。

操作员可以关闭ATM机、为ATM机补充现金并重启ATM机，主要完成的是系统的维护功能，如图15-1所示。

根据上述用例图可以清晰地看到客户和操作者的用例以及一些用例之间的关系，如客户用例中取款、查询以及转账这三个用例，都要使用验证密码的功能，因此它们与"Validate PIN"之间是包含关系。下面分别使用用例模板详细描述各个用例。

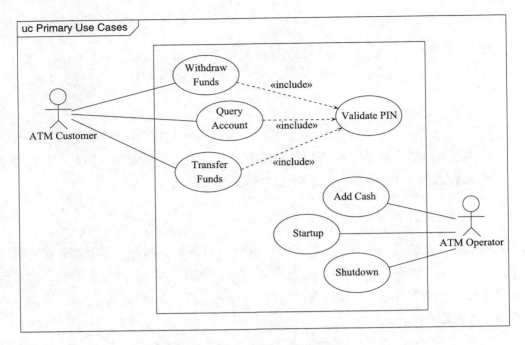

图 15-1　ATM 机系统的用例

1. 验证 PIN 码（Validate PIN）

用例名称： 验证 PIN 码

用例描述： 系统验证客户 PIN 码。

参与者： 客户

前置条件： ATM 机是正常运行并且空闲的。

标准流程：

1）客户将银行卡插入读卡器中。

2）如果系统成功识别该卡，则读取该卡信息。

3）系统提示客户输入 PIN 码。

4）客户输入 PIN 码。

5）系统检查该卡是否处于可用状态。

6）如果未失效，检查 PIN 码是否正确。

7）如果 PIN 码正确，系统显示客户账户，并提示用户选择交易类型。

替换过程：

步骤 2）：如果未识别该卡，则系统弹出该卡。

步骤 6）：如果失效，则系统没收该卡。

步骤 7）：如果 PIN 码错误，则退卡。

步骤 4）、步骤 7）：如果用户选择取消选项，则系统交易取消并退卡。

后置条件：客户的 PIN 码被验证。

2. 取款（Withdraw Funds）

用例名称：取款

用例描述：客户从一个有效账户中取出一定量现金。

参与者：客户

依赖：包含了验证 PIN 码用例。

前置条件：ATM 机是正常运行并且空闲的。

标准流程：

1）包含验证 PIN 码用例的步骤。

2）客户选择取款选项，选择取款金额。

3）系统检查客户账户中是否有足够的资金以及是否超过每日取款上限。

4）如果通过上述检查，系统授权通过本次取款请求。

5）检查 ATM 现金是否充足。

6）若通过上述检查，系统分发相应数额的现金。

7）系统打印凭条，显示所有信息。

8）系统弹出该卡。

替换过程：

步骤 3）：如果账户上没有足够资金，则系统显示余额不足界面并返回选择界面。

步骤 3）：如果系统确定取款金额超过了每日上限，则系统显示提示界面并返回。

步骤 5）：如果 ATM 现金不够，则系统显示提示界面并返回。

后置条件：客户账户的金额已被扣除。

3. 查询账户（Query Account）

用例名称：查询账户

用例描述：客户查询一个有效账户的余额。

参与者：客户

依赖：包含了验证 PIN 码用例。

前置条件：ATM 机是正常运行并且空闲的。

标准流程：

1）包含验证 PIN 码用例的步骤。

2）客户选择查询选项。

3）系统读取账户余额。

4）系统打印凭条，显示所有信息。

5）系统弹出该卡。

后置条件： 客户查询了账户。

4. 转账（Transfer Funds）

用例名称： 转账

用例描述： 客户将一定数额的资金从一个有效账户转移到另一个有效账户。

参与者： 客户

依赖： 包含了验证 PIN 码用例。

前置条件： ATM 机是正常运行并且空闲的。

标准流程：

1）包含验证 PIN 码用例的步骤。

2）客户选择转账选项并输入转账金额、转出账户和转入账户。

3）如果系统确定转出账户里有足够的资金，那么系统进行转账。

4）系统打印凭条，显示所有信息。

5）系统弹出该卡。

替换过程：

步骤 3）：如果系统确定转出账户没有足够资金，则系统显示提示信息并返回。

步骤 3）：如果转入账号无效，则系统显示提示信息并返回。

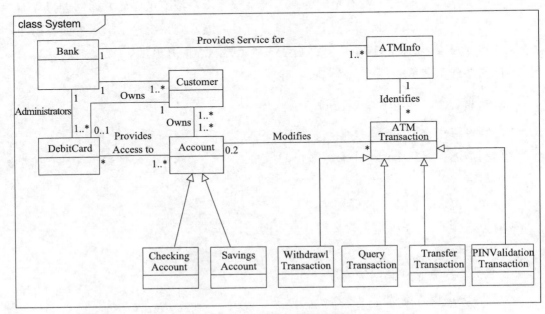

图 15-2　ATM 机的类模型

步骤 3）：如果转出账号无效，则系统显示提示信息并返回。

后置条件： 客户资金从指定的转出账户转到指定的转入账户。

根据对 ATM 系统的需求分析，我们初步将系统的主要功能划分为：取钱、转账、查询、验证 PIN 码等，并根据需求分析，构建了系统的用例模型。接下来，我们将首先讨论该系统的静态模型，构建系统的类模型。

15.3　静态建模

主要从实体类模型入手，分析并描述 ATM 机系统的静态类模型，图 15-2 描述了实体类的静态模型。图 15-3 给出了每个实体类的属性信息。

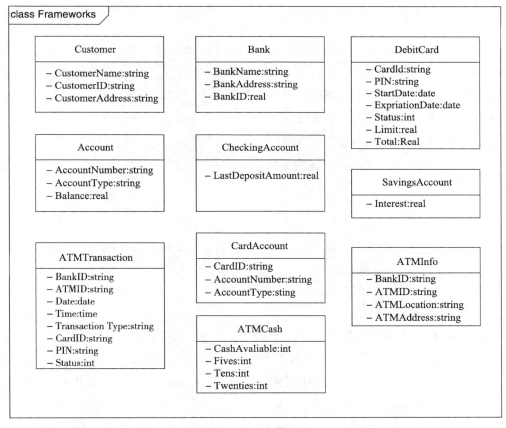

图 15-3　类模型

图 15-2 描述了银行（Bank）实体类和客户（Customer）类以及借记卡（DebitCard）类之间存在一对多的关系。客户类和账户（Account）类存在多对多的关系。由于存在支票账户（CheckingAccount）和储蓄账户（Savings Account）且两者有部分公共属性，因此账户类有两种类型：支票账户类和储蓄账户类。

ATM 交易（ATMTransaction）类可以修改账户类，而各种不同类型的交易类，包括取款交易（WithdrawlTransaction）类、查询交易（QueryTransaction）类、转账交易（TransferTransaction）类或密码验证交易（ValidationTransaction）类可泛化为交易类 ATMTransaction。ATM 交易父类具有交易类的共有属性，包括交易号、交易类型、卡号、密码和状态，其他属性为各个特定类型所专有。

还有一个卡账户（CardAccount）关联类。这种类用于所要描述的属性属于关联关系而非关联关系所连接的类。这样，在借记卡类和账户类之间的多对多关联中，能被某张借记卡所访问的个人账户应该是卡账户这一关联类的属性，而非借记卡类或账户类的属性。

15.4 动态建模

动态建模主要是对系统的动态行为进行分析建模，构建相应的交互图、活动图等，侧重描述系统的动态行为特征。在实际建模过程中，设计者需要根据待开发系统的特征，选择合适的动态模型，详细建模系统的动态行为。例如，在业务流程为主的系统中，如电子商务、网上购物系统、网上图书馆系统等，可以使用 UML 活动图、顺序图重点建模系统的流程行为，而针对交互式系统如嵌入式系统、具有复杂对象特征的系统如实时控制系统，则可以使用 UML 状态图建模对象的状态变迁。

15.4.1 创建顺序图

在 ATM 机系统中，我们使用顺序图详细建模系统中各个对象之间的消息交互，描述系统的各个功能用例的详细实现过程。

1. 客户端验证 PIN 码

客户端验证 PIN 码的顺序图如图 15-4 所示，其中，信息的交互如下：

1）ATM 客户向客户交互对象输入 PIN 码。

2）客户交互向 ATM 交易实体对象发送卡号、PIN 码、生效日期和失效日期。

3）ATM 交易向客户交互发送 PIN 码验证交易。

4）客户交互向 ATM 控制发送 PIN 码已输入的消息。ATM 控制向银行服务发送一个验证 PIN 码的请求。银行服务验证 PIN 码，如果验证通过，向 ATM 控制发送有效 PIN 码的响应。

5）ATM 控制向客户交互发送显示菜单消息。

6）ATM 控制向 ATM 交易发送更新状态消息。

7）客户交互向 ATM 客户显示取款、查询和转账选项。

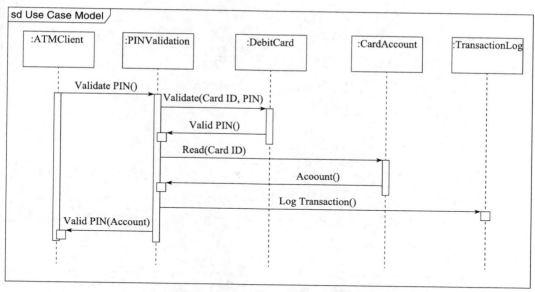

图 15-4　客户端验证 PIN 码顺序图

2. 客户端取款

客户取款的顺序图如图 15-5 所示，其中，对象之间消息的交互过程如下：

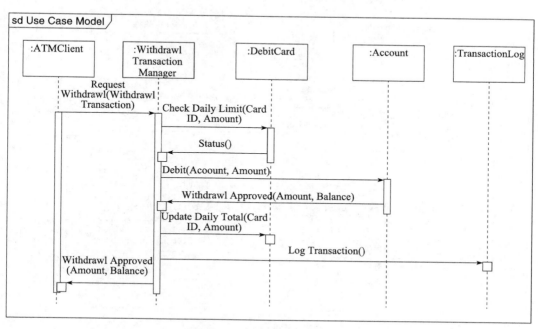

图 15-5　客户端取款的顺序图

1）ATM 客户向客户交互对象输入取款选项，并告知账户号以及取款金额。

2）客户交互对象将客户选项发送给 ATM 交易。

3）ATM 交易将取款交易详细信息返回给客户交互对象。

4）客户交互对象向银行服务发送一个包含取款交易的取款请求交易。

5）银行服务向 ATM 控制发送一个允许取款响应。

6）ATM 控制向客户交互对象发送显示分发现金消息。

7）客户交互对象把现金已分发提示显示给 ATM 客户。

15.4.2　创建状态图

ATM 系统是一类典型的交互式系统，系统的状态变化与系统的输入密切相关。图 15-6 中描述了一个由 5 个状态组成的顶层状态图：初始的关闭（Close Down）状态、空闲（Idle）状态以及三个复合状态，即处理客户输入、处理交易和结束交易。每个复合状态都可以继续分解。

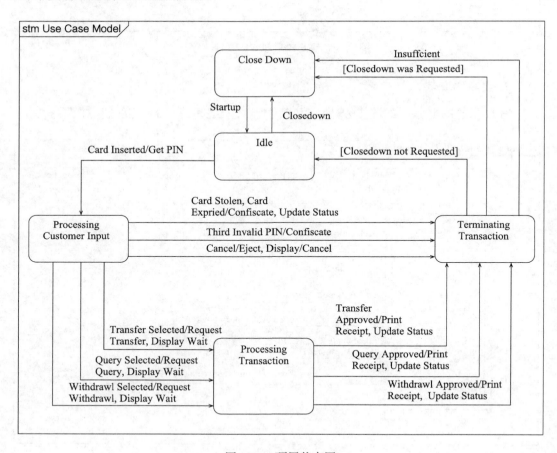

图 15-6　顶层状态图

启动事件使得 ATM 机从初始的关闭状态转移到空闲状态。进入空闲状态会触发显示欢迎事件。处于空闲状态的时候，ATM 机一直等待响应由客户触发的事件。

1. 处理客户输入

处理客户输入的状态转换过程如下，据此，状态图如图 15-7 所示。

1）等待 PIN 码输入。当客户把卡插入 ATM 机之后，ATM 机从空闲状态进入子状态，从而触发卡片插入事件。在该子状态下，ATM 机等待客户输入 PIN 码。

2）验证 PIN 码。当客户输入 PIN 码后 ATM 机进入该子状态。在该子状态下，银行服务验证 PIN 码。

3）等待客户选择。在 PIN 码验证通过事件发生之后，ATM 机进入该子状态，意味着 PIN 码已经正确输入。在该子状态下，客户需要输入一个选择：取款、查询或转账。

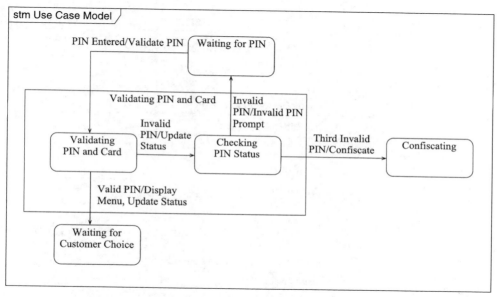

图 15-7　处理客户输入状态图

2. 处理交易

处理交易也被分解为三个子状态，每个子状态为一种交易：处理取款、处理查询以及处理转账。如图 15-8 所示。

3. 结束交易

结束交易子状态包括分发现金、打印、弹出卡、没收以及停止。其状态图比较复杂，详细细节参见图 15-9。需要说明的是，在建模过程中的各种模型图是设计者根据系统的需求描述，采用 UML 的各种模型图进行描述、建模的。这其中，有很多地方是跟设计者的想法密切相关的，因此，本书中给出的各种模型图仅供参考，你可以根据自己的理解，结合实际项目的需求描述，构建合适的模型图。

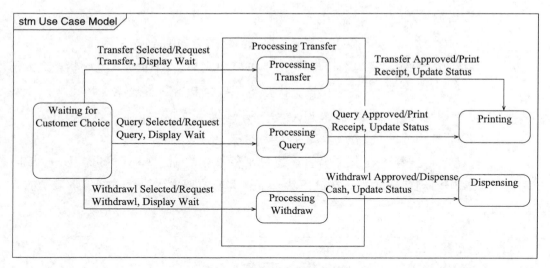

图 15-8　处理交易状态图

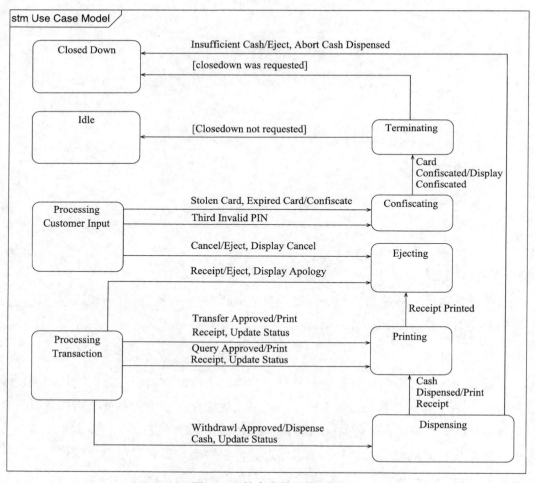

图 15-9　结束交易的状态图

15.5 系统的构件图

在本系统中，我们可以对银行账户、信用系统、客户、ATM 屏幕、ATM 取款机、ATM 键盘、银行职员、读卡器和数据库服务器分别创建对应的构件。ATM 自动取款机系统的构件图如图 15-10 所示。

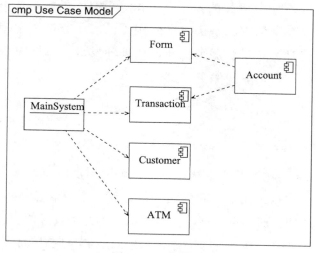

图 15-10 构件图

15.6 系统的部署图

ATM 自动取款机系统的部署图描绘的是系统节点上运行资源的安排，如图 15-11 所示。该系统包括了四个节点，分别是：ATM 客户端、地区 ATM 服务器、银行数据库服务器和打印机。

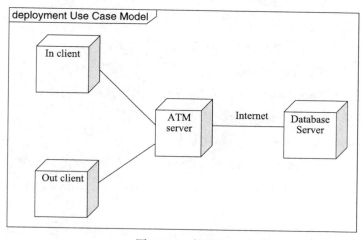

图 15-11 部署图

第 16 章　在线购物系统

在线购物系统是一个典型的基于 Internet 的电子商务系统，提供了在线购买各种商品的服务。该案例中的解决方案使用了面向服务的体系结构。另外，该案例还使用了对象代理者来进行服务注册、代理和发现。案例中涉及的服务包括目录服务、库存服务、客户账户服务、配送订单服务、电子邮件服务和信用卡授权服务。

16.1　问题描述

在基于 Internet 的在线购物系统中，客户可以向供应商请求购买一件或多件商品。客户提供个人信息，如地址和信用卡信息等，这些信息被存储在客户账户中。如果信用卡是有效的，那么系统创建一个配送订单并且发送给供应商。供应商检查可用的库存，确定订单，并且输入一个计划好的配送日期。当订单完成配送后，系统通知客户并且向客户的信用卡账户收费。

16.2　用例建模

图 16-1 描绘了一个在线购物系统的用例模型。有两个主要的参与者：客户（Customer）和供应商（Supplier）。客户浏览目录和请求购买商品，供应商提供目录和服务客户的购物请求。根据基于角色的用例建模方法，我们分别考虑客户和供应商角色的用例需求。

对于客户而言，有三个用例是由客户发起的，它们是：

- 浏览目录（Browse Catalog），客户浏览目录并挑选商品。
- 下单请求（Make Order Request），客户发出一个购买请求。
- 查看订单（View Order），客户查看订单详细信息。

对于供应商而言，有两个用例是由供应商发起的，即：

- 处理配送订单（Process Delivery Order），以满足客户的订单服务。
- 确认配送和给客户开账单（Confirm Shipment and Bill Customer），以完成购物过程。

在浏览目录用例中，客户浏览一个商品的目录，查看来自于给定供应商目录的各种各样的目录商品，并从目录中选择商品。在下单请求用例中，客户输入个人详细信息。如果账户不存在，系统就创建一个客户账户。系统检查客户的信用卡是否有效，并检查余额是否足够支付请求的目录商品。如果信用卡检查显示信用卡是有效的并且有足够的额度，那么客户的购买请求被通过，系统发送用户的订单给供应商。在查看订单中，客户请求查看配送订单的详细信息。

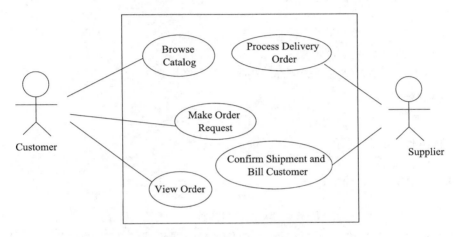

图 16-1　在线购物系统的用例图

供应商发起的用例包括处理配送订单、确认配送和给客户开账单。在处理配送订单用例中，供应商请求一个配送订单，确认库存满足订单并且展示订单。

在确认配送和给客户开账单用例中，供应商通过手工方式准备配送并且确认配送已经准备好。然后，系统从客户账户中检索客户的信用卡信息并且完成支付功能。

除了非常简单的查看订单用例，我们对其他用例都将进行详细的描述。每个用例都会使用文本形式的用例模板来描述详细的用例说明。此外，使用相应的活动图、通信图建模具体用例的场景。活动图在业务流程建模中使用很普遍，并且可以被集成到面向服务的应用的分析和设计中，用于建模用例中的活动序列。具体而言，活动图可以准确地描述主要的和可替换的用例序列，详细建模用例场景的活动执行情况。为了充分展示从不同的视角建模系统的行为，我们还使用了通信图建模对象之间的消息交互。当然，读者也可以自行尝试使用顺序图建模对象之间的消息交互。

16.2.1　浏览目录用例描述

用例名称：浏览目录（Browse Catalog）

用例描述：客户浏览目录，从供应商的目录中查看各种各样的商品项，并且从目录中选择商品。

参与者：客户

前置条件：客户的浏览器链接到供应商的目录网站。

标准流程：

1）客户请求浏览目录。

2）系统向客户显示目录信息。

3）客户从目录中选择商品。

4）系统显示商品列表，包含商品描述、价格以及总价。

替换过程：

步骤 3）：客户没有选择商品并且退出。

后置条件：系统显示了所选择的商品列表。

16.2.2　下单请求用例描述

用例名称：下单请求（Make Order Request）

用例描述：客户输入一个订单请求来购买目录商品。客户的信用卡被检查其有效性和是否有足够的额度来支付请求的目录商品。

参与者：客户

前置条件：客户选择了一个或多个目录商品。

标准流程：

1）客户提供订单请求和客户账户 ID 来支付购买。

2）系统检索客户账户信息，包括客户的信用卡详细信息。

3）系统根据购买总额检查客户信用卡，如果通过，创建一个信用卡购买授权号码。

4）系统创建一个配送订单，包括订单细节、客户 ID 和信用卡授权号码。

5）系统确认批准购买，并且向客户显示订单信息。

替换过程：

步骤 2）：如果客户没有账户，系统提示客户提供信息来创建一个新账户。客户可输入账户信息或取消订单。

步骤 3）：如果客户信用卡授权被拒绝，系统提示客户输入一个不同的信用卡账号。客户可输入一个不同的号码或取消订单。

后置条件：系统为客户创建了一个配送订单。

16.2.3　处理配送订单用例描述

　　用例名称： 处理配送订单（Process Delivery Order）

　　用例描述： 供应商请求一个配送订单；系统确定库存可以满足订单，并且显示订单。

　　参与者： 供应商

　　前置条件： 供应商需要处理一个配送订单并且一个配送订单存在。

　　标准流程：

1）供应商请求下一个配送订单。

2）系统检索并且显示配送订单。

3）供应商为配送订单请求商品库存检查。

4）系统确定库存中的商品对于满足订单是可用的，并且保留这些商品。

5）系统给供应商显示库存信息，并且确认商品被保留。

　　替换过程：

步骤4）：如果商品库存不足，系统显示警告信息。

　　后置条件： 系统为配送订单保留了库存商品。

16.2.4　确认配送和给客户开账单用例描述

　　用例名称： 确认配送和客户开账单（Confirm Shipment and Bill Customer）

　　用例描述： 供应商手工地准备配送并且确认配送订单已经准备好。系统通知客户订单正在配送。当客户确认收到商品后，系统通过客户的信用卡收取购买商品的款项并且更新相关库存商品的库存。

　　参与者： 供应商

　　前置条件： 库存商品已经为客户的配送订单进行了预留。

　　标准流程：

1）供应商手工地准备配送并且确认配送订单已经准备好配送。

2）系统检索客户的账户信息，包括发货单和客户的信用卡细节。

3）系统更新库存，确认购买。

4）客户确认收到商品。

5）系统通过客户信用卡收取购买商品的款项并且创建一个信用卡收费确认号码。

6）系统用信用卡收费确认号码更新配送订单消息。

7）系统给客户发送确认邮件。

8）系统给供应商显示确认信息来完成配送订单的配送。

替换过程：

步骤 5）：如果收费不成功，系统显示提示信息。

后置条件： 系统提交了库存，向客户收费，并且发送了确认信息。

16.3 静态结构建模

本节描述静态结构模型，由系统上下文模型和实体类模型组成。本节还讨论了在线购物系统的面向服务的体系结构中代理者技术的使用。

问题域的静态模型可以通过类图来描述（见图 16-2）。由于这是一个数据密集型应用，因此重点是在实体类上。静态实体类模型显示了实体类和这些类之间的关系。这些类包括：

- 客户类，包括客户（Customer）和客户账户（Customer Account）。
- 供应商类，包括供应商（Supplier）、库存（Inventory）和目录（Catalog）。
- 处理客户订单的类，例如配送订单（Delivery Order），它是一个商品项（Item）的聚合。此外，使用黑色实心三角形表示类图中各个类之间的关系的导航方向。例如，类 Customer 可以使用或访问类 CustomerAccout 的信息，而反过来则这种访问关系不存在。

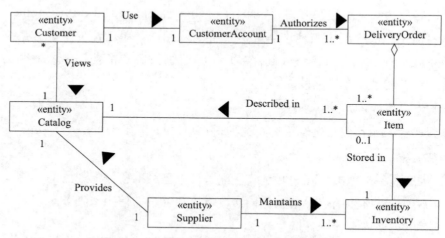

图 16-2   在线购物系统实体类的概念静态模型

图 16-3 显示了这些类的属性，可根据实际需要设置属性的可见性。

16.4 动态行为建模

对于每个用例我们可以开发一个通信图，用于描述参与该用例的对象以及这些对象之间的消息传递。

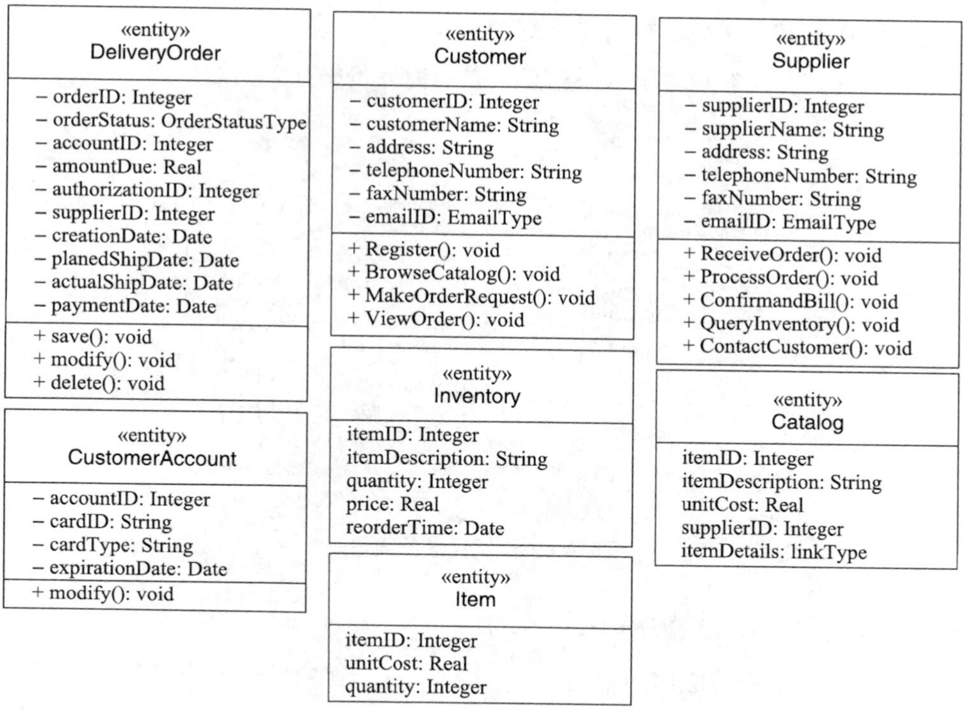

```
          «entity»                      «entity»                       «entity»
        DeliveryOrder                   Customer                       Supplier

  – orderID: Integer              – customerID: Integer         – supplierID: Integer
  – orderStatus: OrderStatusType  – customerName: String        – supplierName: String
  – accountID: Integer            – address: String             – address: String
  – amountDue: Real               – telephoneNumber: String     – telephoneNumber: String
  – authorizationID: Integer      – faxNumber: String           – faxNumber: String
  – supplierID: Integer           – emailID: EmailType          – emailID: EmailType
  – creationDate: Date
  – planedShipDate: Date          + Register(): void            + ReceiveOrder(): void
  – actualShipDate: Date          + BrowseCatalog(): void       + ProcessOrder(): void
  – paymentDate: Date             + MakeOrderRequest(): void    + ConfirmandBill(): void
                                  + ViewOrder(): void           + QueryInventory(): void
  + save(): void                                                + ContactCustomer(): void
  + modify(): void
  + delete(): void                      «entity»                       «entity»
                                        Inventory                      Catalog

          «entity»                itemID: Integer               itemID: Integer
       CustomerAccount            itemDescription: String       itemDescription: String
                                  quantity: Integer             unitCost: Real
  – accountID: Integer            price: Real                   supplierID: Integer
  – cardID: String                reorderTime: Date             itemDetails: linkType
  – cardType: String
  – expirationDate: Date
  + modify(): void                      «entity»
                                         Item

                                  itemID: Integer
                                  unitCost: Real
                                  quantity: Integer
```

图 16-3　在线购物系统的实体类

16.4.1　创建通信图

1. 浏览目录（Browse Catalog）

在浏览目录（Browse Catalog）用例的通信图中（见图16-4），客户交互与客户协调者交互，客户协调者接着又与目录服务进行通信。消息描述如下所示：

1）客户通过客户交互发出一个目录请求。

2）客户协调者被实例化来帮助客户。在客户请求的基础上，客户协调者为客户选择一个目录来浏览。

3）客户协调者向目录服务请求消息。

4）目录服务发送目录信息给客户协调者。

5）客户协调者把信息转发给客户交互。

6）客户交互向客户显示目录消息。

7）客户通过客户交互选择一个目录商品。

8）客户交互传递请求给客户协调者。

9）客户协调者向目录服务请求目录商品选择。

10）目录服务确认目录商品的可用性并且发送商品价格给客户协调者。

11）客户协调者转送信息给客户交互。

12）客户交互向客户显示目录信息，包括商品价格和总价。

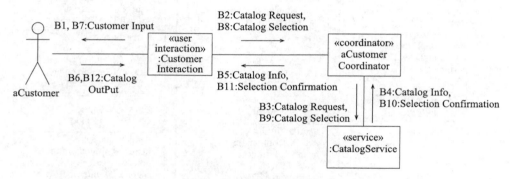

图 16-4　浏览目录的通信图

2. 下单请求（Make Order Request）

在下单请求用例的通信图中（见图 16-5），一个客户提供账户信息，该信息被用于访问客户账户服务。信用卡信息通过客户协调者发给信用卡记录来获得授权。然后客户协调者发送一个新的订单请求给配送订单服务，并且发送一封确认邮件给电子邮件服务。消息描述如下所示：

1）客户向客户交互提出订单请求。

2）客户交互将订单请求发送给客户协调者。

3）客户协调者发送账户请求给客户账户服务。

4）账户请求发送账户信息给客户协调者，包括客户的信用卡详细信息。

5）客户协调者向信用卡服务发送客户的信用卡信息和付款授权请求（这相当于准备提交（Prepare to Commit）的消息）。

6）信用卡服务向客户协调者发送一个信用卡批准（这相当于准备好提交（Ready to Commit）的消息）。

7）客户协调者发送订单请求给配送订单服务。

8）配送订单服务发送订单确认给客户协调者。

9）客户协调者发送订单确认给客户交互，并且通过电子邮件服务向客户发送一封订单确认的邮件。

10）客户交互向客户输出订单确认。

这个用例可替换的场景是：客户没有账户，在这种情况下需要创建一个新的账户；或者信用卡授权被拒绝，在这种情况下客户有选择其他卡的选项。

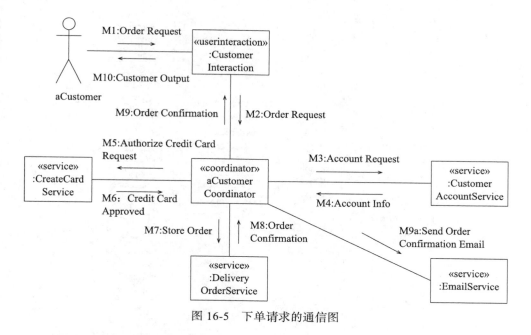

图 16-5　下单请求的通信图

3. 处理配送订单（Process Delivery Order）

在处理配送订单用例的通信图中（见图 16-6），供应商协调者向配送订单服务请求一个新的配送订单，然后配送订单服务选择一个配送订单。供应商协调者请求库存服务来检查库存，并且通过用户交互对象发送订单和库存消息给供应商。消息描述如下所示：

1）供应商请求一个新的配送订单。

2）供应商交互向供应商协调者发送供应商的请求。

3）供应商协调者请求配送订单服务选择一个配送订单。

4）配送订单服务发送配送订单给供应商协调者。

5）供应商协调者请求检查商品库存。

6）库存服务返回商品信息。

7）供应商协调者发送订单消息给供应商交互。

8）供应商交互向供应商显示配送订单的信息。

9）供应商请求系统在库存中保留商品。

10）供应商交互发送供应商的请求给供应商协调者来保留库存。

11）供应商协调者请求库存服务来保留库中的商品（这相当于准备提交的消息）。

12）库存服务向供应商协调者确认商品的保留（这相当于准备好提交的消息）。

13）供应商协调者发送库存状态给供应商交互。

14）供应商交互向供应商显示库存消息。

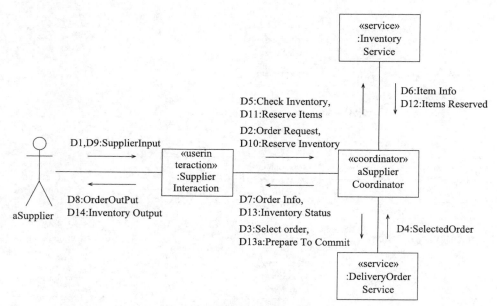

图 16-6   处理配送订单的通信图

这个用例可替换的场景是（没有显示在图中）：商品库存不够，在这种情况下库存服务返回一个库存不够（Out of stock）的消息给供应商。

4. 确认配送和给客户开账单（Confirm Shipment and Bill Customer）

在确认配送和给客户开账单用例的通信图中（见图 16-7），供应商准备配送。供应商发送准备好配送（Order Ready for Shipment）的消息给供应商协调者，供应商协调者请求库存服务以提交库存，并发送准备好配送的消息给账单协调者。账单协调者向配送订单服务索取发货单，向客户账户服务索取账户信息，并且通过信用卡服务向客户计费。对信用卡、配送订单和库存的更新通过使用两阶段提交协议来协调。消息描述如下所示：

1）供应商输入配送信息。

2）供应商交互发送准备好配送的请求给供应商协调者。

3）供应商协调者发送订单准备好配送（Order Ready for Shipment）的消息给账单协调者。

4）账单协调者发送准备提交订单给配送订单服务。

5）配送订单服务回复准备好提交的消息和发货单，包括订单号、账户号和总价。

6）账单协调者发送账户请求给客户账户服务。

7）客户账户服务向账单协调者返回账户信息。

8）账单协调者发送提交收费（Commit Charge）的消息给信用卡服务，发送提交支付（Commit Payment）的消息给配送订单服务，通过电子邮件服务发送确认邮件给客户, 发送账户已开账单 (Account Billed) 的消息给客户协调者。

9) 供应商协调者发送提交库存的消息给库存服务。

10) 库存服务向供应商协调者返回提交已完成。

11) 供应商协调者发送确认响应给供应商交互。

12) 供应商交互接着发送配送确认信息给供应商。

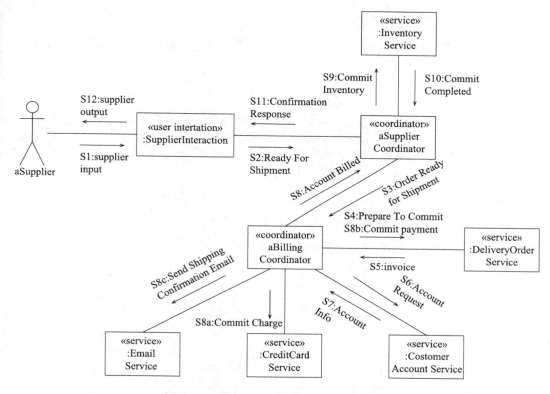

图 16-7 确认配送和给客户开账单通信图

5. 查看订单 (View Order)

在查看订单用例的通信图中 (见图 16-8), 客户交互与客户协调者交互, 客户协调者接着又与配送订单服务通信。消息描述如下所示:

1) 客户通过客户交互发出一个订单发货单的请求。

2) 客户交互向客户协调者发出一个订单请求。

3) 客户协调者向配送订单服务发出一个订单请求。

4) 配送订单服务发送订单发货信息给客户协调者。

5) 客户协调者转送信息给客户交互。

6) 客户交互向客户显示订单信息。

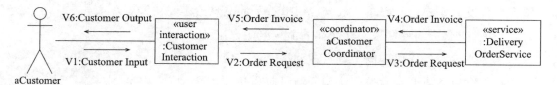

图 16-8 查看订单的通信图

16.4.2 创建活动图

活动图能够显式建模某个场景中活动之间的关系，通过控制流将活动组织在一起，完成具体的功能服务。

1. 浏览目录（Browse Catalog）

如图 16-9 所示的活动图描述了浏览目录用例中的活动序列。其中的活动包括：

- 请求目录信息（Request Catalog Information）
- 请求目录商品项（Request Catalog Items）
- 显示目录商品（Display Catalog Items）
- 从目录中选择商品（Select Items from Catalog）
- 显示商品和总价（Display Items and Total Price）

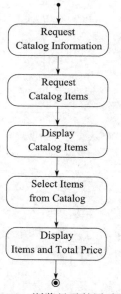

图 16-9 浏览目录的活动图

2. 下单请求（Make Order Request）

下单请求的活动图（见图 16-10）描述了这个用例的主事件流对应的活动，此处，使用了带泳道的活动图，能够更加清楚地建模参与活动的各个对象的职责。

- 接收订单请求（Receive Order Request）
- 获取账户信息（Get Account Information）
- 授权信用卡（Authorize Credit Card）
- 创建新的配送订单（Create New Delivery Order）
- 电子邮件发送和显示订单确认（Email and Display Order Confirmation）。

此外，该活动图还描述了两个可替换事件流，即：

- 账户不存在时创建新账户（Create New Account）
- 拒绝信用卡授权时显示非法的信用卡信息（Display Invalid Credit Card）

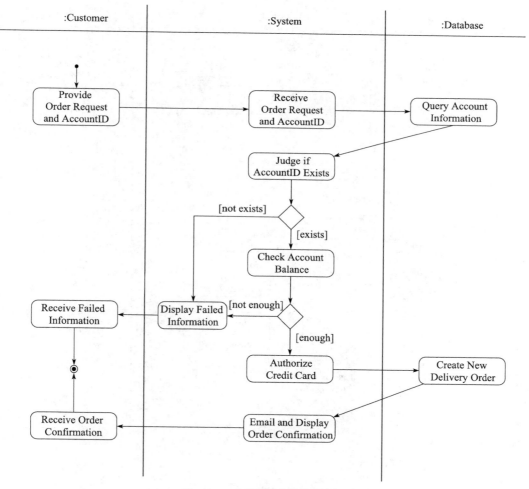

图 16-10　下单请求的泳道图

3. 处理配送订单（Process Delivery Order）

处理配送订单的活动图（见图 16-11）描述了这个用例的主事件流所对应的活

动，即：

- 接收配送订单请求（Receive Delivery Order Request）
- 检索和显示配送订单（Retrieve and Display Delivery Order）
- 检查订单商品的库存（Check Inventory for Order Items）
- 保留订单商品（Reserve Order Items）
- 显示库存信息（Display Inventory Information）

此外，该活动图还描述了该用例的可替换序列，即：库存商品不足时显示库存不足的商品（Display Items Out of Stock）。

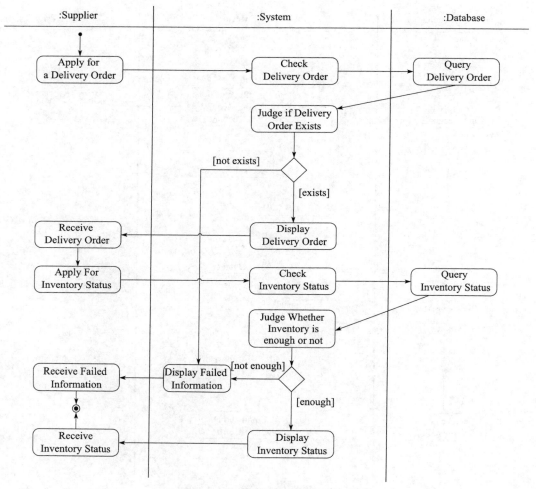

图 16-11   处理配送订单的泳道图

4. 确认配送和给客户开账单（Confirm Shipment and Bill Customer）

确认配送和给客户开账单的泳道图（见图 16-12）描述了这个用例的主事件流对

应的活动，包括：

- 收到配送订单就绪的信息（Receive Delivery Order is Ready）
- 检索客户信息（Retrieve Customer Information）
- 更新库存（Update Inventory）
- 向信用卡收费（Charge Credit Card）
- 更新配送订单（Update Delivery Order）
- 向客户发送邮件和显示确认消息（Email and Display Confirmation to Customer）

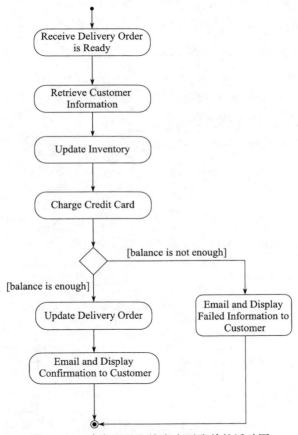

图 16-12　确定配送和给客户开账单的活动图

当向信用卡收费时，系统会判断信用卡的余额是否足够，如果余额不足，则系统会向客户发送收费失败的消息。在活动图中，使用菱形表示的判断节点建模系统的判断活动。

5. 查看订单（View Order）

在这个简单的用例中，客户请求查看一个订单，图 16-13 描绘了查看订单用例的活动图，其中的活动包括：

- 收到订单状态请求（Receive Order Status Request）
- 检索订单信息（Retrieve Order Information）
- 显示订单确认信息（Display Order Confirmation）

系统检索完订单信息后，会对订单的信息进行判断，检查订单是否有效。

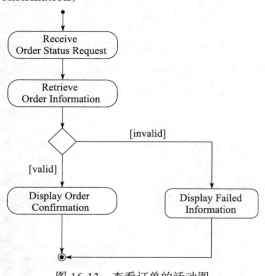

图 16-13   查看订单的活动图

16.5   系统的构件图

通常，构件之间存在的关系是构件的依赖性。构件依赖性指一个构件依赖于另一个构件。使用虚线箭头表示依赖关系。箭头指向的构件表示被依赖，也就是说构件 Cart、Eshop、Checkout 都依赖于构件 ShoppingServlet。下面描述的是在网上购物系统中几个构件之间的依赖关系。如图 16-14 所示。

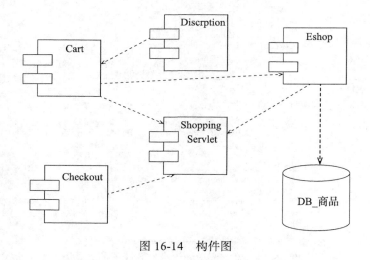

图 16-14   构件图

16.6   系统的部署图

部署图的信息在前面的章节已经有所提及，在此不再赘述。下面是本案例的部署图，如图 16-15 所示，分别从不同的视角表示系统的部署图。图 16-15a 表示的是简单版本的部署图示意，图 16-15b 展现了部署图的跟硬件相关的细节，图 16-15c 是从物理视图的角度展现部署图的信息。在建模过程中，设计者可以根据系统的需要选择不同视角的部署图。

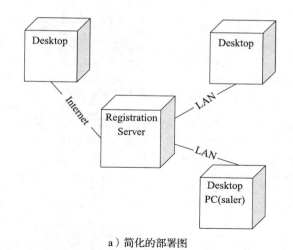

a）简化的部署图

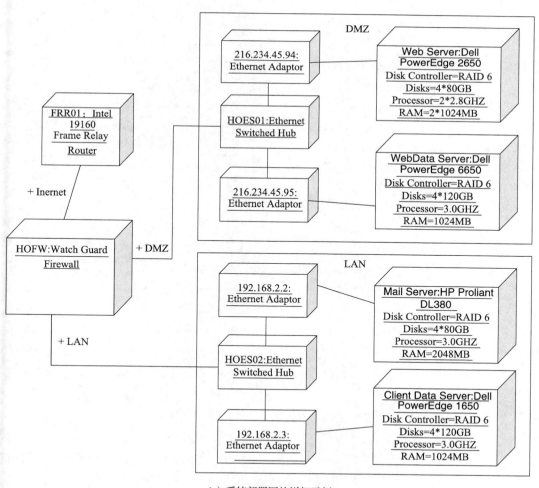

b）系统部署图的详细示例

图 16-15 系统的部署图模型

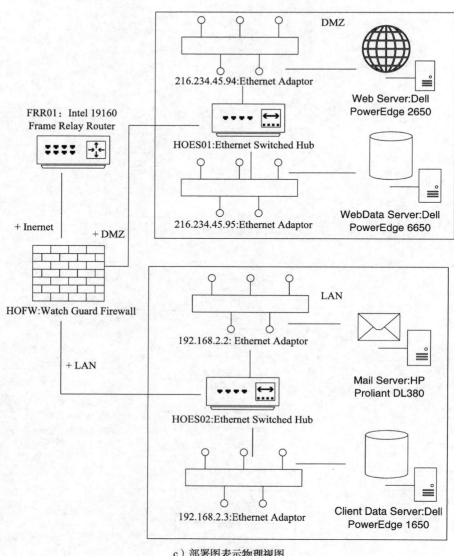

c）部署图表示物理视图

图 16-15 （续）

参 考 文 献

［1］ 张海藩.软件工程导论［M］.北京：清华大学出版社，2008.

［2］ UML 最新标准规范［EB/OL］.https://www.omg.org/spec/UML/2.5.1/.

［3］ MDA 规范标准［EB/OL］.https://www.omg.org/mda/specs.htm.

［4］ Dragan Milicev. Executable UML 模型驱动开发［M］.车立红，译.北京：清华大学出版社，2011.

［5］ Grady Booch，等.UML 用户指南［M］.邵维忠，等译.北京：人民邮电出版社，2013.

［6］ 王成良，等.基于 MDA 的 UML 建模语言研究［J］.软件导刊，2007（19）：148-149.

［7］ 王晓.UML 面向对象分析与建模探究［M］.长春：吉林大学出版社，2015.

［8］ 李磊，王养廷.面向对象技术及 UML 教程［M］.北京：人民邮电出版社，2010.

［9］ David S Frankel. 应用 MDA［M］.鲍志云，译.北京：人民邮电出版社，2003.

［10］ ArgoUML 工具［EB/OL］.http://argouml.tigris.org/.

［11］ StarUML 工具［EB/OL］.http://staruml.io/.

［12］ K Pohl. Requirement Engineering: Fundamentals, Principles and Techniques［M］. Springer, 2010.

［13］ B Selic. The Pragmatics of Model-Driven Development［J］. IEEE Software, 2003, 20(5): 19-25.

［14］ 蒋彩云，王维平，李群.SysML：一种新的系统建模语言［J］.系统仿真学报，2006, 18(6): 1483-1487.

［15］ 孙煜，马力.基于模型的系统工程和系统建模语言 SysML 浅析［J］.电脑知识与技术，2011，07(11): 7780-7783.

［16］ Friedenthal S, A Moore, R Steiner. OMG System Modeling Language (OMG SysML) Tutorial［R］. INCOSE, 2009.

［17］ UML Profile for MARTE: Modeling and Analysis of Real-Time Embedded Systems［DB/OL］. http://www.omg.org/spec/MARTE/1.1.

［18］ Faugère M, T Bourbeau, R De Simone, et al. MARTE: Also an UML Profile for Modeling AADL Applications［C］. 12th IEEE International Conference on Engineering Complex Computer Systems (ICECCS 2007).

［19］ 孙晴晴.基于 MARTE 的面向时间方面建模及转换研究［D］.南京：南京大学，2013.

［20］ 吉鸣.基于模型转换的实时软件资源建模与验证的方法研究［D］.南京：南京航空航天大学，2010.

［21］ Fabíola Gonçalves C Ribeiro, et al. Soares: Model-based Requirements Specification of Real-time Systems with UML, SysML and MARTE ［ J ］. Software and System Modeling, 2018, 17(1): 343-361.

［22］ José A Cruz-Lemus, et al. Evaluating the Effect of Composite States on the Understandability of UML［ J ］.Statechart Diagrams，2005:113-125.

［23］ 胡荷芬，吴绍兴，高斐 . UML 系统建模基础教程［ M ］. 2 版 . 北京：清华大学出版社，2014.